Erfolgreich mit Social Media

Soziale Netzwerke
professionell nutzen

Markus Pflugbeil

1. Auflage

Inhaltsverzeichnis

Vorwort

Über eine Milliarde Menschen weltweit nutzen Facebook täglich – Tendenz steigend. Auch die anderen Social Media wie z. B. die beruflichen Netzwerke XING und LinkedIn sowie die Content-Plattformen Instagram oder YouTube erfreuen sich einer stark wachsenden Anhängerschaft. Gehören auch Sie zur großen Community des Social Web? Oder stehen Sie den sozialen Medien eher skeptisch gegenüber? Dieser TaschenGuide zeigt Ihnen, dass Social Media viel mehr sind als die Zeit- und Datenräuber, als die sie verschrien sind. Er erklärt, wie Sie aus den Sozialen Medien das Beste für sich ziehen und wie Sie ganz gezielt davon profitieren können – vor allem in beruflicher Hinsicht. Er hilft Ihnen bei der Auswahl der richtigen Plattformen und zeigt Ihnen anschaulich, wie Sie sie gezielt zum Aufbau Ihrer Reputation im Job nutzen können. Sie erfahren, welche Fallen und Fettnäpfchen im Social Web lauern und welche Regeln Sie unbedingt beachten sollten, um juristische Auseinandersetzungen oder Peinlichkeiten zu vermeiden.

Das Internet ruht niemals – und so gibt es ständig neue Dienste und revolutionäre Plattformen, die Ihnen unerwartete Möglichkeiten eröffnen. Dieses Büchlein versetzt Sie in die Lage, sie einzuordnen und auf den Nutzen für Ihr Arbeitsleben zu überprüfen. Folgen Sie mir in die Welt der Accounts, Blogs, Follower und Twitterati. Ich verspreche Ihnen: Es lohnt sich!

Viel Spaß bei der Lektüre wünscht Ihnen

Markus Pflugbeil

Erfolg im Job dank Social Media

Facebook, Twitter, YouTube & Co. – jeder kennt sie. Sehr viele nutzen sie mittlerweile zum täglichen Austausch mit Freunden und Bekannten. Doch nützen diese sozialen Medien auch im Beruf?

In diesem Kapitel erfahren Sie u. a.,

- wie sich die sozialen Medien gezielt für berufliche Zwecke einsetzen lassen,
- welche Strategie Ihnen zur optimalen Online-Reputation verhilft,
- welche ungeschriebenen Regeln Sie im Social Web beachten sollten.

Social Web: Jeder darf mitmachen

Es ist noch gar nicht so lange her, da war die Veröffentlichung von Inhalten noch den Kommunikationsprofis, so z. B. Journalisten oder den Werbe- bzw. PR-Agenturen vorbehalten. Der Informationsfluss glich einer Einbahnstraße – es gab auf der einen Seite einen Inhaltsproduzenten und auf der anderen Seite die Konsumenten dieser Inhalte. Die Rückmeldung an die Produzenten gestaltete sich schwierig und eine Interaktion der Konsumenten untereinander war praktisch ausgeschlossen.

BEISPIEL

> Wollte man sich zu einem Artikel in der Zeitung äußern, schrieb man Leserbriefe und hoffte auf deren Veröffentlichung, um seine Meinung mit anderen Gleichgesinnten teilen zu können.

Heute sieht das anders aus. Jeder kann Inhalte über eine App oder den Web-Browser mit ein paar Mausklicks für alle oder einen begrenzten Nutzerkreis online stellen, Beiträge von anderen bewerten, sie mit wieder anderen teilen und sich dazu austauschen. Die digitalen Medien und Technologien, die all das möglich machen, werden deshalb auch Social Media genannt. »Social«, also sozial, weil sie als Plattformen für Interaktionsmöglichkeiten dienen, wie wir sie aus unserem »echten« sozialen Leben in Familie, Beruf und Freundeskreis kennen.

Neben den bekannten Plattformen XING, LinkedIn und Facebook gibt es noch Dutzende weitere Plattformen, die auch in die Kategorie soziales Netzwerk fallen. Zu den weltweit größten Netzwerken gehören u. a. auch Instagram, Twitter und Pinterest. YouTube wird von den Statistikern meist als Videoportal gezählt und deshalb nicht in solchen Rankings aufgeführt. Betrachtet man jedoch seinen Funktionsumfang, gehört es ebenfalls zu den sozialen Netzwerken. Alle diese Dienste zeichnen sich dadurch aus, dass man den Nutzern folgen oder sie als Freunde seinem Netzwerk hinzufügen kann, dass man selbst Inhalte erstellen kann und andere diese Inhalte bewerten und teilen können.

Social Media im Vergleich zu traditionellen Medien

Die sozialen Medien sind allen Menschen zugänglich, zumindest allen, die über einen Internetzugang verfügen. Als es das Internet noch nicht gab, führte der einzige Weg in die Öffentlichkeit über die traditionellen Medien, also die Zeitungen, (Fach-) Zeitschriften, den Hörfunk und das Fernsehen. Und das war oft ein mühsamer Weg. Vor der Veröffentlichung stand nämlich immer auch die Hürde, den jeweils zuständigen Redakteur oder Journalisten von der eigenen Kompetenz zu einem bestimmten Thema zu überzeugen. Der Zugang zu diesen Medien war also immer nur indirekt, via Umweg über die Redakteure möglich. Sie entschieden darüber, über welches Thema geschrieben oder gesendet wurde oder welcher Experte es wert ist, dass man mit ihm spricht. Wer in den Medien auftauchte, hatte es geschafft, war »wichtig«. Das gilt zwar noch immer, aber im Zeitalter von Social Media eben nicht mehr ausschließlich.

Theoretisch wird Medien deshalb eine hohe Glaubwürdigkeit zugeschrieben, weil von unabhängiger Seite, also seitens der Journalisten, noch einmal geprüft wird, ob jemand wirklich kompetent ist und nicht einseitige Interessen vertritt. Und es ist an den Journalisten, Interessenlagen herauszuarbeiten und für Ausgewogenheit durch die Veröffentlichung anderer Meinungen zu sorgen. Umgekehrt ist es natürlich so, dass auch Journalisten nicht immer frei von Interessen sind. Sie stehen beispielsweise in der Abhängigkeit zu den wirtschaftlichen Interessen eines Verlags oder unter dem Zeitdruck, eine Seite oder Sendung füllen zu müssen oder die erwarteten Einschaltquoten zu erreichen.

All diese Aspekte spielen in den Social Media keine Rolle, denn dort kann jeder ungehindert veröffentlichen, diskutieren, bewerten und weiterleiten. Niemand ist heute mehr auf einen Journalisten und ein Medium (Zeitung, Zeitschrift, Sendung) angewiesen. Er verfügt mit einem Internetanschluss selbst über alle Mittel, um seinen Status als Experte aufzubauen, zu festigen und zu erweitern.

Noch sind zwar die traditionellen Medien die wesentlichen Meinungsmacher, aber das Internet und hier insbesondere die Social Media verschieben diese Bedeutung immer mehr zu ihren Gunsten.

Social Media: Basis für Ihre berufliche Reputation

Überlegen Sie einmal: Wie informieren Sie sich, wenn Sie sich etwas Neues zulegen wollen? Die meisten von uns gehen ins Internet, wenn sie etwas benötigen oder wenn sie Informationen brauchen, und befragen erst einmal Google. Es gibt zwar auch andere Suchmaschinen, aber sie spielen im deutschsprachigen Raum nahezu keine Rolle. Der Marktanteil von Google liegt hierzulande ungebrochen bei rund 90 Prozent.

Bei Google suchen Sie nach Tipps und Erfahrungen zu dem Produkt, das Sie kaufen möchten, bzw. nach weiterführenden Informationen. Und hier gilt wie im richtigen Leben auch: Am glaubwürdigsten sind für uns die Bewertungen anderer Menschen – nicht die Beteuerungen der Hersteller und auch nicht die Preissuchmaschinen. Andere Menschen wirken auf uns authentisch und glaubwürdig; wir vertrauen ihnen mehr als den Versprechungen der Unternehmen, die wir ohnehin unter Generalverdacht stellen, nur ihren Gewinn auf unsere Kosten maximieren zu wollen. In den Social Media wird der Ruf, also die Reputation von Unternehmen, nicht mehr nur durch Werbeprofis, sondern auch von Kunden und Konsumenten geformt, die über ihre Erfahrungen mit dem Unternehmen, dessen Produkten und Mitarbeitern berichten.

Von der Offline- zur Online-Reputation

Social Media beeinflussen jedoch nicht nur die Unternehmensreputation. In den sozialen Medien haben Sie die Chance, selbst an Ihrem öffentlichen Ansehen, Ihrer Reputation als Experte zu arbeiten, ohne auf Dritte angewiesen zu sein. Sie brauchen keine Fachzeitschrift, um einen eigenen Artikel zu veröffentlichen; das können Sie im Internet selbst tun. Sie müssen nicht mehr auf Veranstaltungen, möglichst sichtbar für alle wichtige Hände schütteln, um zu zeigen, dass Sie in der Branche gut vernetzt sind. Sie können das auch über die Social Media dokumentieren, so z. B. über die sozialen Business-Netzwerke wie XING (für den deutschsprachigen Raum) und LinkedIn (für internationale Unternehmen, vornehmlich mit Wurzeln oder Aktivitäten in England und Nordamerika) oder auch über einen Blog, in dem Sie Ihr geballtes Wissen in Form von Beiträgen veröffentlichen.

Aller Anfang ist schwer

Den Einstieg in Social Media zu finden, ist für manche eine echte Herausforderung. Es geht darum, sich selbst im Internet darzustellen. Das ist für die meisten von uns, wenn man nicht gerade Schauspieler, Politiker oder Fernsehmoderator ist, oftmals eine echte Hürde. Es ist ein zunächst komisches Gefühl zu wissen, dass andere, allein, weil sie den Namen in die Suchmaschine eingegeben haben, plötzlich Dinge von einem erfahren, die man früher nur im persönlichen Gespräch preisgegeben hat. Man mag das kritisch sehen oder auch nicht, auf jeden

Fall gibt es diese Möglichkeit heute. Die Frage ist also, wie man diese Chancen möglichst gut für sich nutzen kann. Digitaltechnologien dringen in alle Lebens- und Arbeitsbereiche vor, so dass eigentlich jedem bewusst sein sollte, dass ein Leben ohne Internet zwar machbar, aber ein Auslaufmodell ist.

> Je intensiver Sie sich mit Ihrer Präsenz im Internet beschäftigen, desto höher sind die Chancen, dass Sie sich dort so darstellen können, wie Sie es selbst wollen.

Ihre Online-Strategie

Haben Sie sich entschieden, Social Media nicht nur in der Freizeit, zum Spaß oder zur Kontaktpflege mit der Familie oder mit Freunden zu nutzen, sondern ganz gezielt auch für Ihre Karriere und Ihren Beruf, gilt es, eine Strategie für Ihre Online-Reputation zu entwickeln. Sie sollten nämlich erst dann zu Berufszwecken im Social Web aktiv werden, wenn Sie sich darüber im Klaren sind, wie Sie mit Ihrem Profil auftreten wollen. Erst, wenn Sie eine Entscheidung über Ihre »Selbstdarstellung« getroffen haben, sollten Sie beginnen, Spuren in Social Media zu hinterlassen.

Wer einfach so loslegt und sich auf allen Plattformen anmeldet, die ihm gerade in den Sinn kommen, wird sich früher oder später verzetteln – schon allein deswegen, weil es mittlerweile unzählige Plattformen für das Social-Media-Engagement gibt. Hinzu kommt, dass es Zeit braucht, bis man die technische

Funktionsweise und die Abläufe auf den verschiedenen Plattformen verinnerlicht hat und sich an die ungeschriebenen Gepflogenheiten der verschiedenen Social Media gewöhnt.

Es lohnt sich daher, in folgender Reihenfolge vorzugehen: Beobachten – Lernen – Mitmachen.

Schritt 1: Beobachten

- Finden Sie heraus, welches die beliebtesten und wichtigsten
  Social-Media-Plattformen in Ihrer Branche sind. Dabei leisten
  Ihnen die einschlägigen Fachmedien gute Dienste. Suchen
  Sie auf deren Webseiten nach den Social-Media-Präsenzen
  der Autoren. Bestenfalls stehen unter den Beiträgen im Web
  nicht nur die Namen, sondern es finden sich auch Links auf
  die Social-Media-Profile der Autoren. Oft gibt es Navigations-
  begriffe wie »Über uns« oder »Die Redaktion«. Manchmal
  werden Sie aber auch unter »Kontakt« oder »Impressum«
  fündig.

- Versuchen Sie, über eine simple Internet-Recherche via Google
  herauszufinden, ob die Experten Ihrer Branche oder die Redakteure der Fachmagazine etwa bei XING, LinkedIn, Google+
  oder Twitter angemeldet sind.

- Die meisten Branchenveranstaltungen veröffentlichen für ihr
  Event mittlerweile ein sog. Hashtag, symbolisiert mit dem
  Zeichen #. Hashtags wurden ursprünglich vom Mikroblog-
  ging-Dienst Twitter eingeführt, um die Suche nach bestimm-

ten Themen zu vereinfachen. Mittlerweile sind sie auch bei Facebook möglich. Beobachten Sie zu Branchenveranstaltungen, welches Hashtag verwendet wird und folgen Sie diesem, um neue Infoquellen zu entdecken.

- Wenn Sie über die Google-Recherche persönliche Social-Media-Accounts von Experten gefunden haben, beschäftigen Sie sich damit. Sehen Sie sich an, über welche (Fach-)Themen dort berichtet wird, welche Beiträge weiter geteilt werden und vor allem, welchen anderen Experten aus Ihrem Themengebiet man folgt. Die meisten Plattformen bieten die Möglichkeit, sich die Fans und Follower von anderen in einigermaßen übersichtlichen Listen anzeigen zu lassen. Mit Freundeslisten anderer Nutzer kann man effektiv auswählen, wem man selbst auch folgen möchte. Das ist eine einfache Möglichkeit, Ihre Vernetzung zu beginnen. Sie werden überrascht sein, wie viel Wissen Sie dort in Form von Hinweisen und Links finden und welche Fachkollegen bereits alle im Social Web unterwegs sind.

- Nie war es einfacher für den Einzelnen, Wettbewerbsbeobachtung zu betreiben. Das beliebte Angebot von Google, Google Alerts, hilft dabei (www.google.de/alerts). Dabei handelt es sich quasi um eine personalisierte Alarmfunktion, die Sie immer dann benachrichtigt, wenn Google eines Ihrer Stichworte findet. Oder Sie informieren sich regelmäßig über die Aktivitäten Ihres Konkurrenten auf seiner Homepage, so z. B. auf dessen Presse- und Veranstaltungsbereich. Auf solchen Seiten ist alles öffentlich zugänglich. Es gibt daher also keinen Grund, diese Informationen nicht zu nutzen. So könnten Sie beispielsweise Themen, die ein Konkurrenzunternehmen als Mittelpunkt seines kommenden Messeauftritts ankündigt, bereits vorab in einer entsprechenden XING-Gruppe ansprechen und damit Ihre Kompetenz in diesem Bereich unter Beweis stellen.

- Sie können soziale Medien ganz gezielt für die Vorbereitung von Vertriebsaktivitäten nutzen. Natürlich kann die Marketing-Abteilung eines Unternehmens Werbung auf den Plattformen buchen, aber auch für den Einzelnen gibt es Möglichkeiten, sich die vielfältigen Funktionen von Social Networks zunutze zu machen, um den persönlichen Vertriebserfolg zu fördern. Wenn beispielsweise neue Branchen zur Erschließung neuer Kundenkreise angesprochen werden sollen, bietet es sich an, in sozialen Medien zu recherchieren, welche Themen dort gerade diskutiert werden, wer die wichtigen Unternehmen und Personen sind und was sie zu den Themen sagen. Damit lässt sich ein Markt viel informierter erobern, als das vor dem Internet der Fall war. Statt unpersönlicher Informationen von Firmenwebseiten erhalten Sie hier direkte Einblicke, was Experten und Konkurrenten sagen, und bestenfalls erfahren Sie auch, wie Kunden darüber denken. Sie können sich mit Ihrem Wissen dann bei Kundengesprächen und auf Veranstaltungen in der neuen Branche bereits als gut informiert präsentieren.

Behalten Sie immer im Hinterkopf, dass Sie bei der Recherche Spuren hinterlassen können. XING etwa meldet seinen Mitgliedern, wenn sich jemand das Profil angesehen hat. Wenn Sie den Facebook-Like-Button klicken bzw. auf anderen Plattformen »Folgen« oder »Hinzufügen«, wird der Profilinhaber meistens sofort darüber informiert. Das heißt, er kann nachverfolgen, wer ihm folgt oder seine Posts liked, also den Gefällt-mir-Button anklickt. Wenn er sehr engagiert ist, wird er auch nachsehen, wer sein neuer Follower ist.

Schritt 2: Lernen von den Profis

Erwarten Sie nicht, dass Ihnen die Follower von heute auf morgen in Scharen hinterherlaufen werden. Das wird nicht der Fall sein. Den ein oder anderen werden Sie einsammeln, weil er automatisch auf Ihr Folgen zurückfolgt, beim großen Rest gestaltet es sich sicherlich schwieriger. Es geht zunächst nicht so sehr darum, um jeden Preis möglichst viele Kontakte für sich zu gewinnen, sondern von den erfolgreich Aktiven zu lernen. Das gelingt am besten, wenn Sie deren Aktivitäten genau analysieren.

Erfolgreich sind in Social Media diejenigen, die viel zitiert, also geteilt (»geshared«), werden und über viele Follower und Freunde verfügen.

Wenn Sie jemanden identifiziert haben, der in Ihrer Branche diese Kriterien erfüllt, schauen Sie nicht nur seine Beiträge, Tweets, Posts oder Statusmeldungen an. Betrachten Sie auch sein Profil genauer. Lernen Sie dadurch, wie ein Profi im Internet auftritt.

1. Wie viele Leute folgen ihm, wie vielen Leuten folgt er? Wichtige Accounts haben üblicherweise wesentlich mehr Follower als eigene Freunde. Sie sind also auch für eine breite Masse von Leuten interessant, die selbst nur wenig Wichtiges beitragen, oder auch nur auf Plattformen angemeldet sind, um anderen folgen zu können. Dafür folgen die Erfolgreichen ihrerseits nur den Wenigen, die für sie wirklich wichtig sind.

2. Wie ist das Profil auf den jeweiligen Plattformen gestaltet, was geben Social-Media-Profis Privates über sich preis und auf welche Webseiten, Blogs oder anderen Profile verweisen sie noch?

3. Stöbern Sie in der Historie der Profis: Von welchen Veranstaltungen haben sie berichtet? Welche (Trend-)Themen tauchen besonders häufig auf? Auf welche Quellen verweisen sie, setzen sie eventuell gezielt Bilder und Videos ein? Wahrscheinlich finden Sie unter den zitierten Quellen selbst interessante Accounts, denen Sie folgen möchten. So bauen Sie sich systematisch eine sog. Timeline zusammen, die Ihren Interessen und Ihrem Profil entspricht.

Unter Timeline versteht man den unendlichen Strom der Statusaktualisierungen, die Sie von anderen über Ihre Social-Media-Kanäle erhalten. Die Facebook-Timeline meint nur Meldungen aus Facebook, die Twitter-Timeline nur Meldungen aus Twitter. Spricht jemand von »seiner Timeline«, meint er damit üblicherweise alle Kanäle, auf denen er aktiv ist. Das kann also auch neue Videos auf YouTube oder Bilder auf Instagram betreffen.

Schritt 3: Mitmachen

Haben Sie alles in Ruhe beobachtet und erste Erkenntnisse darüber gewonnen, wie und wo die Social-Media-Profis Ihrer Branche agieren, ist es Zeit darüber nachzudenken, selbst aktiv zu werden. Überlegen Sie sich, welche Plattformen Sie für welche Zwecke nutzen wollen.

BEISPIEL

> Es hilft Ihnen nur wenig, wenn Sie etwa allen Fachkollegen über Facebook folgen, deren Beiträge liken und teilen, wenn Sie selbst auf Facebook nur mit Ihren Urlaubsfotos unterwegs sind. In einem solchen Fall sollten Sie eine andere Plattform, wie XING oder LinkedIn, für Ihre berufsorientierte Social-Media-Präsenz nutzen. Dort sollten Sie dann allerdings vornehmlich mit beruflichen Themen unterwegs sein.

Sind Sie erst einmal auf einer Plattform angemeldet, ist eine klare Trennung zwischen Beruflichem und Privatem schwer möglich, da Sie dort dann sowohl für alle Ihre Kontakte, sowohl aus dem beruflichen als auch aus dem privaten Umfeld erreichbar und sichtbar sind. Sie müssen also auch damit rechnen, auf Plattformen, die Sie privat nutzen, von Fachkollegen beruflich angesprochen zu werden. Zumindest aber müssen Sie einkalkulieren, dass auch Ihre private Plattform von den Kollegen, der Konkurrenz oder sogar dem Chef beobachtet wird.

Wie Sie ein Social-Media-Profil einrichten

Auf – fast – allen Social-Media-Plattformen müssen Sie sich registrieren bzw. anmelden, um aktiv werden zu können.

- **Der Name:** Melden Sie sich auf den Plattformen unbedingt mit Ihrem echten Namen an. Wenn Sie eine Abkürzung benötigen, weil Ihr Name zu lang oder zu kompliziert ist, kreieren Sie ein eindeutiges Kürzel, das Sie auf allen Plattformen verwenden können. Wenn Sie Social Media beruflich nutzen wollen, muss man Sie schnell und einfach finden können. Es ist gut, auf allen Plattformen mit demselben Namen auffindbar zu sein. Beachten Sie dabei den Unterschied zwischen dem Profilnamen und Ihrem echten Namen, den Sie bei der Registrierung eingeben müssen. Der Profilname ist der, den auch andere Nutzer sehen, wenn Sie etwas veröffentlichen. Oft wird damit auch der direkte Link zu Ihrem Profil gebildet, etwa: instagram.com/nutzername. Wenn Sie eine häufig vorkommende Kombination aus Vor- und Nachnamen haben, wie das z.B. bei einem Andreas Müller der Fall sein dürfte, ist es wahrscheinlich, dass Ihr echter Name in den meisten Plattformen schon als Nutzername oder angezeigter Name vergeben ist. Überlegen Sie sich dann am besten eine Kombination, die noch Rückschlüsse auf Ihren Namen zulässt.

BEISPIEL

Andreas Müller könnte sich z.B. AMüller oder mit seinem zweiten Vornamen als Andreas_Maria_Müller bezeichnen.

Auch ein Hinweis auf das Geburtsjahr oder den Wohnort kann weiterhelfen: Andreas_Müller75 oder A_Müller_Berlin.

Wer seinen Namen mit einem bestimmten Thema verknüpft, sollte bedenken, dass solche Zuordnungen schwierig werden können. Das ist vor allem dann der Fall, wenn man sich in

Social Media mit Bereichen beschäftigt, die nicht zu diesem Nutzernamen passen – was hin und wieder durchaus vorkommt. Von einer Dame mit dem Nutzernamen Susannes-GruenerDaumen wird man z. B. nicht erwarten, dass sie eine Expertin für schnelle Autos ist. Bleiben Sie also besser bei einer themenneutralen Kombination aus Vor- und Nachnamen.

Wer im beruflichen Bereich überzeugen möchte, sollte je nach Branche mehr oder minder seriös auftreten. Vermeiden Sie daher z. B. Nutzernamen, die stark polarisierend, zu flapsig oder allzu vertraulich wirken könnten. So sind Sweet_Andrea_Müller_02 oder Marcus_Meier_der_Beste sicherlich keine Profilnamen, die sich im Job eignen.

Bei sozialen Netzwerken wie Facebook, LinkedIn, XING und Google+ können und sollten Sie sich natürlich mit Ihrem vollem und richtigen Namen registrieren. Das geht auch dann, wenn es bereits weitere Nutzer mit einer gleichlautenden Kombination aus Vor- und Nachnamen gibt. Die eindeutige Zuordnung zu Ihnen findet hier über weitere Details zu Ihrer Person statt, z. B. über Ihr Profilbild, Ihre Profession, Ihren Wohnort, Ihre Arbeitsstelle.

Mit der zunehmenden Reife von Social-Media-Plattformen halten die echten Namen immer weiter Einzug: Bei Twitter etwa stehen der angezeigte Name, das sog. Twitter-Handle, und der echte Name mittlerweile ziemlich gleichwertig nebeneinander. Die Twittersuche findet Sie sowohl bei der Suche nach Ihrem echten Namen als auch Ihrem Profilnamen. Das Beispiel zeigt, dass es sinnvoll ist, wo möglich, mit seinem echten Namen zu arbeiten. Das gilt insbesondere, wenn Ihre Online-Aktivitäten auf Ihre berufliche Reputation einzahlen sollen. Denn nur, wenn man Sie unter Ihrem echten Namen findet und eindeutig identifiziert, können Sie Social Media dafür nutzen, Ihren Namen in Ihrer Branche bekannt zu machen.

- **Das Foto:** Verwenden Sie ein aktuelles, möglichst freundliches, aber neutrales und gutes Foto von sich – schließlich wollen Sie im echten Leben ja wiedererkannt werden. Für den Wiedererkennungswert ist es hilfreich, wenn Sie auf allen Plattformen das gleiche Bild verwenden. Am besten ist es, Sie investieren alle zwei Jahre ca. 30 bis 40 Euro in ein professionelles Portraitfoto beim Fotografen. Das sollte Ihnen Ihre Online-Reputation wert sein. Hier eine Checkliste, falls Sie das Bild doch selbst machen wollen.

Das optimale Portraitfoto
- Stellen Sie immer auf die Augen scharf, am besten manuell.
- Vermeiden Sie Spiegelungen und Reflexe, etwa auf einer Brille.
- Achten Sie auf einen neutralen Hintergrund; vermeiden Sie Wände mit großen Mustern oder Strukturen. Passen Sie darauf auf, dass keine Fensterrahmen oder Stehlampen aus den Köpfen »herauswachsen«.
- Versuchen Sie nicht, Firmenlogos »mitzufotografieren«.
- Verzichten Sie auf Pflanzen oder sonstige Gegenstände zur Dekoration.

Das optimale Portraitfoto

- Generell gilt bei Foto- und Filmaufnahmen: Tragen Sie keine karierten Sakkos, Hemden und Blusen. Verzichten Sie auf großen, dominierenden Schmuck; auch Motto-Krawatten sind tabu. Vermeiden Sie grelle Farben.
- Prüfen Sie vor und nach der Aufnahme, ob starke Schattenbereiche das Bild zu dunkel machen oder ob etwa Umrisse des Kopfes auf den Hintergrund zeichnen.

- **Ihr Profil:** Die meisten Plattformen verlangen ein kurzes Personenprofil. Überlegen Sie sich dafür einen aussagekräftigen Text, der in Schlagworten auch die beruflichen Kompetenzen enthält, für die Sie im Netz stehen und mit denen Sie gefunden werden wollen. Lassen Sie sich von den notwendigen Eingaben beim Anlegen eines Accounts nicht abhalten; denken Sie daran, dass Sie Ihre Selbstdarstellung jederzeit verändern können.

> Vermeiden Sie es, Spaßnamen oder lustige Bildchen »zum Ausprobieren« zu verwenden – alles ist öffentlich sichtbar.

- **Querverweise:** Nutzen Sie die Chance, Links auf Ihre anderen Social-Media-Accounts zu setzen. Das ist bei den meisten Plattformen möglich und könnte interessant sein, wenn Sie beispielsweise auf Ihre ausführliche Profilseite in einem anderen Social Network verlinken wollen. So sind vor allem XING oder LinkedIn so etwas wie digitale Visitenkarten mit angehängtem Lebenslauf. Sollten Sie über einen eigenen Blog verfügen, können Sie natürlich auch diesen über das

Profil verlinken. Wenn Sie sich ganz klar entschieden haben, für Ihren Arbeitgeber in Social Media präsent zu sein, können Sie auch einen Link auf dessen Website setzen. Denken Sie in dem Fall aber daran, dass alles, was Sie über dieses Profil tun, dann unvermeidlich mit Ihrem Arbeitgeber in Verbindung gebracht wird.

Der Aufbau Ihres Netzwerks

Haben Sie sich angemeldet, können Sie mit dem Aufbau Ihres Netzwerkes beginnen. Gehen Sie hierzu möglichst systematisch vor und lassen Sie sich dabei von folgenden Fragen leiten:

- Von wem erhalten Sie brandaktuelle Brancheninformationen?
- Von wem können Sie gute und wichtige (nicht zwingend aktuelle) Hintergrundinformationen für Ihre Branche beziehen?
- Wer verweist auf beachtenswerte Fachbeiträge im Internet?
- Wer sind die wichtigen Autoren für Ihr Fachgebiet?
- Wer berichtet in Social Media von relevanten Branchenveranstaltungen?

Der Einstieg ist nicht ganz leicht, weil man die richtigen Kontakte erst einmal finden muss. Sobald man aber die ersten ermittelt hat, ergeben sich – und hier kommt das Netzwerkprinzip sehr schnell zum Tragen – die anderen Kontakte wie von selbst. Schritt für Schritt bauen Sie sich so eine Timeline auf, die Sie mit einem für Sie wichtigen Nachrichtenstrom versorgt.

Schließen Sie sich Gruppen in den Netzwerken an, in denen Ihr Fachgebiet besprochen wird, und bringen Sie sich dort ein. Lassen Sie sich nicht durch den geringen Aktivitätsgrad in manchen Gruppen abschrecken. Nutzen Sie die vermeintliche Öde als Chance. Hier ist es mit angemessenem Engagement leichter für Sie, bemerkt zu werden und Gehör zu finden. Natürlich sollten Sie aber vorher abschätzen, ob es sich überhaupt lohnt, sich dort einzubringen oder ob es lohnenswertere Gruppen gibt.

Welche Beiträge sich eignen

Irgendwann werden Sie feststellen, dass es Ihnen nicht mehr genügt, nur Konsument der Informationen anderer zu sein. Sie kommen dann an den Punkt, wo Sie selbst etwas zum großen Ganzen beitragen möchten. Sie werden merken, dass es Infos gibt, zu denen Sie als Experte in Ihrem Bereich ergänzend etwas mitteilen können, oder dass Sie Informationsquellen kennen, die auch anderen helfen.

Wenn Sie die Mechanismen Ihrer Timeline beobachtet und sich an die Abläufe einigermaßen gewöhnt haben, dann trauen Sie sich sicherlich früher oder später zu selbst mitzureden. Weniger extravertierte Charaktere werden hier mehrfach überlegen und einen Beitrag drehen und wenden, bevor sie ihn schließlich veröffentlichen. Andere werden wesentlich schneller auf den »Veröffentlichen«-Knopf drücken.

Vor allem für Social-Media-Neulinge ist es oft gar nicht so leicht herauszufinden, was für andere im beruflichen Bereich interessant sein könnte und was eher nicht. Die folgenden Tipps helfen Ihnen dabei, Relevantes zu identifizieren.

- Suchen Sie sich branchennahe Anlässe für Ihre berufsorientierten Social-Media-Aktivitäten. Damit können Sie Ihr Fachwissen anhand eines aktuellen Ereignisses demonstrieren. Findet beispielsweise die Jahrestagung eines Branchenverbands statt, sollten Sie dies als Anlass für einen Beitrag nutzen. Sie selbst müssen gar nicht dabei sein, aber irgendwer wird sicherlich von dort berichten. Teilen Sie dessen Beiträge und versehen Sie sie mit Ihrer Meinung dazu.

- Veröffentlicht ein Marktforschungsinstitut eine Einschätzung zu Ihrer Branche, verbreiten Sie diese weiter und versehen Sie sie ebenfalls mit einem kleinen Kommentar. Gleiches gilt für aktuelle Statistiken.

- Gibt es gesetzgeberische Entwicklungen in Ihrem Land oder einem der Nachbarländer, die Ihre Branche beeinflussen, weisen Sie darauf hin und kommentieren Sie diese.

Achten Sie immer darauf, dass Sie die Quellen kennen und nicht aus Versehen die Studie der Konkurrenz weiterempfehlen oder sogar Ihren eigenen Arbeitgeber zu harsch kommentieren. Viele Unternehmen haben mittlerweile Interesse daran, dass ihre Mitarbeiter im Internet und in Social Media mit ihrer Branchenkompetenz sichtbar sind. Sollten Sie nicht wissen oder einschätzen können, was Sie sich trauen dürfen, sollten Sie mit der Kommunikationsabteilung Ihres Unternehmens Kontakt aufnehmen und dort nach Richtlinien fragen.

Social Media und Branchenveranstaltungen

Veranstaltungen sind wie gemacht für Social Media: Hier passiert ständig etwas. Es gibt wichtige Informationen, Neuigkeiten und Auftritte interessanter Sprecher. Zudem bieten Events meist auch genug Motive für Fotos und Filme, so dass es an Inhalten für die Social-Media-Kanäle kaum mangelt. Für jemanden, der sich in sozialen Medien engagieren und Sichtbarkeit verschaffen will, ist eine solche Veranstaltung also ideal.

Wie Sie am besten von einer Veranstaltung berichten

- Stellen Sie sich vor, dass Sie Kollegen, die nicht an der Veranstaltung teilnehmen, daran teilhaben lassen wollen. Vermitteln Sie Ihre Eindrücke vom Veranstaltungsort in Bildern: Wie ist der Eingangsbereich gestaltet? Wie sehen die Veranstaltungsräume aus? Gibt es besondere Präsentationen von Firmen, auf Messen beispielsweise Messestände? Geben Sie eine kurze Vorschau darauf, welche Sprecher Sie sich anhören oder welche Firmen Sie auf Messen besuchen wollen.

- Gehören Sie selbst zu einem Unternehmen, das Aussteller ist, laden Sie Ihre Freunde und Follower aus sozialen Medien ein, Sie am Messestand zu besuchen.

- Wenn Sie mit Ihrem Unternehmen auf einer Veranstaltung präsent sind, vernetzen Sie sich auch mit der zuständigen Kommunikations- und Marketingabteilung. Vielleicht erfahren Sie im Vorfeld bereits, welche Highlights es gibt, die Sie dann entsprechend einplanen können.

- Bedenken Sie, dass Sie nicht alle Inhalte selbst erstellen müssen: Teilen Sie Beiträge von anderen. So sparen Sie Zeit und Aufwand. Gleichzeitig freut sich der Urheber des Originalbeitrags, dass sie seine Inhalte weiterempfehlen.

Wie Sie am besten von einer Veranstaltung berichten

- Sofern Sie geübt sind im Umgang mit Video- und Tonausrüstung bieten sich Veranstaltungen natürlich dafür an, auf einfachem Wege Gesprächspartner für Interviews zu finden. Den Aufwand sollten Sie allerdings nur treiben, wenn Sie sicher sein können, dass das Ergebnis anseh- und anhörbar ist. Besonders auf Messen ist das, bedingt durch Hintergrundgeräusche und vielfältige visuelle Effekte, auch für Profis oft schwer.

- Mit bestimmten Tools, die ebenfalls als Social Media bezeichnet werden können, lassen sich sogar Filmaufnahmen in Echtzeit via Internet verbreiten (siehe hierzu auch das Kapitel »Ein Film sagt oft mehr als Worte«).

- Wenn Sie live von Redeauftritten berichten wollen, etwa via Twitter, das dafür besonders geeignet ist, versuchen Sie sich griffige Zitate zu merken. Meist hilft hierbei ein klassischer Notizblock am besten, um Wichtiges möglichst schnell und unkompliziert aufzuschreiben. Mit der App Periscope können Twitternutzer sogar Fragen in die Live-Übertragung stellen.

Vergessen Sie bei all dem nicht den so wichtigen Aspekt der Vernetzung: Versuchen Sie über die Beobachtung Ihrer Timeline und unter Nutzung der Suche nach dem Veranstaltungs-Hashtag herauszufinden, welche Freunde und Follower auch auf der Veranstaltung sind. Arrangieren Sie ein Treffen, damit Sie sich auch im echten Leben kennenlernen.

Für Veranstaltungen gelten im Übrigen ein paar Regeln, die zu beachten sind. Bilder, auf denen Personen zu sehen sind, dürfen nicht gegen den Willen der Abgebildeten veröffentlicht werden. Viele Veranstalter sind deswegen dazu übergegangen, in ihre Besucher- und Ausstellerbedingungen mit einzuschließen, dass

Foto- und Videoaufnahmen veröffentlicht werden dürfen. Auf der sicheren Seite sind Sie, wenn Sie Personen, die Sie aufnehmen möchten, vorab um deren Einverständnis bitten. Auch muss man dafür Verständnis haben, wenn auf Fachmessen manche Produkte nicht fotografiert werden dürfen, etwa, weil es sich um Prototypen handelt, die die Konkurrenz noch nicht zu Gesicht bekommen soll. Es empfiehlt sich, hier, nicht den Enthüllungsjournalisten zu spielen, sondern sich an die Regeln zu halten. Schließich wollen Sie in der Branche ja dauerhaft und nachhaltig positiv auffallen – nicht nur einmal negativ und dann nie wieder.

Wie Sie Interessantes aufspüren

Bemühen Sie sich, die Abläufe und Zusammenhänge hinter anderen Veröffentlichungen zu verstehen. Oft ist es interessant zu sehen, woher die Informationen kommen. Das liefert Ihnen wertvolle Hinweise darauf, was Sie selbst ins Netz stellen könnten.

- **Nutzen Sie Zeitzonen:** In Branchen, die international aktiv und vernetzt sind, ist es beispielsweise lohnend, sich mit Experten aus anderen Zeitzonen zu vernetzen. Da Asien vor unserer Zeitzone liegt, lassen sich von dort Meldungen empfangen, die bei uns erst früh am Morgen entdeckt und verbreitet werden und Eingang in die traditionellen Medien halten.

  Vergleichbares gilt für Amerika: Ist dort Tag, passiert viel, was bei uns, weil es Nacht ist, nur von wenigen entdeckt wird. Wenn Sie sich mit Experten dort vernetzen, können Sie am

Morgen des neuen Tages in Europa zu den Ersten zählen, die Meldungen aus den USA weiterverbreiten. Manche Experten haben den Erfolg ihrer Accounts auf diesem Prinzip aufgebaut.

BEISPIEL

> Es gibt Deutsche, die in Kalifornien leben, dem Herkunftsland von Google, Apple und Facebook. Sie veröffentlichen gezielt Nachrichten aus Silicon Valley, die sie am Tag in den USA erfahren, so dass sie dann am Morgen bei uns als »News« gelten. Auch wenn man selbst nicht in den USA, in Asien oder sonst im Ausland lebt, kann man sich die Zeitverschiebung zunutze machen: Man folgt einfach wichtigen Accounts aus diesen Zeitzonen und verbreitet sie dann am frühen Morgen bei uns weiter, um zu den Ersten mit der »News« zu gehören.

Das Ziel dabei ist es, möglichst der Allererste zu sein, der von den Neuigkeiten berichtet. So werden Sie wiederum als Quelle von neuen Nachrichten für Ihre Follower interessanter. Wenn Sie sich beispielsweise die Mühe machen, ganz früh am Morgen die Accounts der Experten aus den USA auf relevante Neuigkeiten für Europa zu überprüfen, sparen sich andere die Arbeit damit und Sie werden zur wichtigen Quelle.

- **Stöbern Sie in möglichst unbekannten Accounts:** Versuchen Sie interessante Accounts zu finden, die nicht so populär sind. Es ist nichts Besonderes, dem US-Präsidenten auf Facebook oder auf Twitter zu folgen. Das machen über 71 Millionen andere Menschen auch. Über diesen Account werden Sie daher auch nur wenig Authentisches und Neues über die Außenpolitik der USA erfahren und vor allem weitergeben können. Besser ist es, wenn Sie sich einen US-Diplomaten suchen oder den Redakteur eines politischen Magazins. Diese Personen mögen zwar nicht so populär sein, sie werden Ihnen aber mit Sicherheit bessere Einblicke und Analysen verschaffen und gute Quellen zitieren. Dieses Prinzip gilt im Grunde genommen für alle Branchen: Natürlich ist es wichtig zu wissen, was die bekannten Gesichter der Szene umtreibt. Für Ihre eigene Reputation ist es aber noch besser, wenn Sie über Quellen verfügen, die nicht so populär und weit verbreitet sind. Damit werden Sie nämlich für Ihre Follower interessant. Um bei dem Beispiel von oben zu bleiben: Was der US-Präsident macht, erfahren Sie und Millionen andere mit Sicherheit früh genug, dafür müssen Sie ihm nicht selbst folgen.

- **Zitieren Sie Quellen:** Es ist ein ungeschriebenes Gesetz im Social Web, seine Quellen zu nennen. Üblicherweise gibt man deswegen an, wer einen auf die Inhalte gebracht hat. Damit bedankt man sich quasi bei der Quelle dafür, dass sie einen auf die Meldung aufmerksam gemacht hat. Gleichzeitig gibt man damit seinen Followern einen Quellennachweis und die Möglichkeit, der Quelle selbst zu folgen oder sie nachzuprüfen.

Wenn Sie feststellen, dass Sie über eine bestimmte Quelle immer wieder stolpern, scheint sie für Sie wichtig zu sein. Sie sollten ihr demnach folgen.

Die wichtigsten Regeln zur Kommunikation im Netz

Es gibt viele ungeschriebene, aber nicht minder wichtige Regeln zur Kommunikation im Social Web, die Sie vor Ihrem Auftritt in den Social-Media-Plattformen kennen sollten. So gewährleisten Sie, dass Sie den Ruf, den Sie sich mit Ihrem Fachwissen erarbeiten, nicht gleich wieder zerstören.

1. Nehmen Sie sich regelmäßig Zeit, am besten mindestens einmal in der Woche, Informationen und Links zu Ihrem Fachgebiet zu veröffentlichen.

2. Treten Sie nicht als »Oberlehrer« auf. Lassen Sie auch andere Meinungen zu. Geben Sie anderen die Chance, ebenfalls ihr Wissen und ihre Erfahrung einzubringen.

3. Seien Sie hilfsbereit. Stehen Sie Interessenten mit Rat und Tat zur Seite, fachsimpeln Sie unter Experten, auch mit der Konkurrenz.

4. Prüfen Sie, ob Links, die Sie veröffentlichen wollen, auch wirklich auf die Seite führen, die Sie tatsächlich gemeint haben. Beim Kopieren aus dem Zwischenspeicher schleichen sich manchmal Fehler ein. Insbesondere beim Einsatz von Linkverkürzer-Diensten, wie z. B. bitly, kann man nicht mehr auf einen Blick erkennen, auf welchen Webseiten man mit dem Link landet.

5. Sehen Sie nach, ob Ihre Verweise auf zitierte Accounts korrekt sind. Manchmal kommen aus dem Zwischenspeicher mittels Kopieren/Einfügen seltsame Dinge. Und manchmal

heißen bestimmte Accounts auch nicht so, wie man es vermuten würde.

6. Bei größeren, wichtigeren oder kritischeren Veröffentlichungen empfiehlt sich das Vier-Augen-Prinzip. Vielleicht können Sie jemanden, auf dessen Urteil Sie vertrauen und der idealerweise mit Social Media vertraut ist, fragen, ob er Ihre geplante Veröffentlichung kurz für Sie einschätzen kann. Ein zweites Urteil ist oft hilfreich, um Aspekte zu erkennen, die man selbst übersehen hat. Es hilft einem auch besser dabei, mögliche Reaktionen der Community einzuschätzen.

7. Bleiben Sie dran, wenn Sie die Nachricht im Netzwerk Ihrer Wahl abgesendet haben. Das ist wichtig, um ein wesentliches Funktionsprinzip von Social Networks einzuhalten: Wenn Sie ins Gespräch kommen wollen, müssen Sie nicht umgehend, aber wenigstens zeitnah auf Feedback zu Ihrer Veröffentlichung reagieren.

BEISPIEL

> In einem Echtzeit-Medium wie Twitter wirkt es seltsam, wenn Sie eine Veröffentlichung verbreiten, dann aber erst Tage oder gar Wochen später auf die Rückmeldung der anderen reagieren. Mit diesem zeitlichen Abstand kommt keine Kommunikation zustande, da der Auslöser der Unterhaltung nach kurzer Zeit nicht mehr aktuell ist. Selbst wenn sich über die jeweilige Historie gut nachvollziehen lässt, worauf man antwortet, so sind die Teilnehmer der Unterhaltung mit Sicherheit gedanklich schon ganz woanders. Sie werden dann nicht mehr reagieren wollen oder können.

8. Wenn Sie feststellen, dass Freunde und Follower Ihre Inhalte weiterverbreiten, bedanken Sie sich mit einer kurzen öffent-

lichen Rückmeldung. Das ist eine nette Geste, die jeder gerne sieht. Man bleibt damit positiv in Erinnerung. Zusätzlich wird der geteilte Inhalt erneut weitergetragen.

9. Richten Sie sich Funktionen ein, die Sie alarmieren, wenn über Sie im Social Web gesprochen wird. Am Smartphone bieten nahezu alle Social-Media-Apps die Möglichkeit, entsprechende Benachrichtigungen zu erhalten. Da für viele E-Mail das bevorzugte, weil vertraute Kommunikationsmittel ist, kann man sich Alarme auch als E-Mail zustellen lassen.

> Wenn man ein größeres Netzwerk pflegt oder in mehreren Diskussionen auf verschiedenen Plattformen engagiert ist, wird die Flut der E-Mails oft hinderlich bis unübersichtlich. Es empfiehlt sich deshalb, genau auszuwählen, wann man per E-Mail und wann man direkt auf der Plattform benachrichtigt werden will.

Unverzichtbar: die persönliche Note

Die meisten Plattformen verfügen über Automatisierungswerkzeuge, die anderen ohne Ihr Zutun automatisch antworten und Nachrichten senden.

BEISPIEL

Wird eine Erwähnung des Accounts gefunden, antwortet eine Maschine, ein sog. Bot, automatisch »Danke für die Erwähnung«.

Folgen Sie einem Account, bekommen Sie automatisch eine Nachricht: »Vielen Dank fürs Folgen«. Manchmal wird auch noch eine Art Werbeaufruf angehängt: »Besuchen Sie auch meine Webseite«.

Während es sich so manchen Firmen-Account aus Marketing-gründen empfehlen kann, dass solche Automatismen einge-richtet sind, sind sie für einen Account, der auf Ihre persön-liche Reputation einzahlen soll, weniger hilfreich. Alles, was nach Automatisierung aussieht und es auch womöglich ist, führt dazu, dass Ihr Account unpersönlicher wirkt. Damit geht ein wesentlicher Effekt der sozialen Netzwerke, nämlich das Menschlich-Persönliche daran, verloren.

Es gibt mittlerweile vor allem in den USA und in England Agen-turen, die sich darauf spezialisiert haben, persönliche Accounts für Menschen zu pflegen, denen ihre Online-Reputation sehr wichtig ist. In den meisten Fällen entstehen dadurch jedoch sehr schematische und standardisierte Online-Profile, die mit den dahinterstehenden Personen nicht mehr viel zu tun haben. Lernt man sie dann einmal wirklich persönlich kennen, ist die Enttäuschung oft groß – und das Interesse ebbt rasch ab. Lang-fristig und nachhaltig ist das Prinzip deshalb eher nicht.

Auf einen Blick: Erfolg im Job dank Social Media

- Dank Social Media ist das Veröffentlichen von Inhalten heute jedem möglich und nicht nur Profis vorbehalten, wie z. B. Journalisten und Redakteuren.

- In den sozialen Medien haben Sie die Chance, selbst an Ihrem öffent-lichen Ansehen, Ihrer beruflichen Reputation zu arbeiten.

- Einfach so aktiv werden auf den Social-Media-Plattformen ist keine gute Idee. Erfolgreich in Ihre Online-Präsenz starten Sie, wenn Sie die folgende Strategie beherzigen: Beobachten – Lernen – Mitmachen.

- Es gibt viele ungeschriebene, aber nicht minder wichtige Regeln zur Kommunikation im Social Web, die Sie bereits vor Ihrem Auftritt in den Social-Media-Plattformen kennen sollten.

Welche Plattform ist die richtige für Sie?

Das Social Web hält unzählige Angebote zum Mitmachen, Teilen und zur Vernetzung mit anderen bereit. Viele Plattformen eignen sich bestens auch für berufliche Zwecke.

In diesem Kapitel erfahren Sie u. a.,

- welche sozialen Netzwerke ein Muss für Ihre Job-Reputation sind,
- warum Facebook auch im Job hilfreich sein kann,
- warum Google+ zwar unpopulär, aber trotzdem wichtig ist,
- warum Sie auf Twitter nicht verzichten sollten.

Ein Trend jagt den nächsten

Das Internet ist dynamisch, d. h., es verändert sich ständig. Das gilt auch für Social Media: Ständig kommen neue Plattformen hinzu, die alten verschwinden oder werden optimiert. Anbieter, die früher ganz groß waren, verpassen wichtige Trends und werden abgehängt, andere wiederum werden durch größere und dominantere Konkurrenten einfach vom Markt verdrängt. Derzeit ist es so, dass ungefähr alle sechs bis neun Monate eine andere Plattform oder eine neue innovative Funktion in den Vordergrund rückt.

BEISPIEL

Im Frühjahr 2016 galt Snapchat als der letzte Schrei. Diesen Dienst gibt es zwar schon seit 2011; er ist aber erst im Laufe des Jahres 2015 mit der neuen Funktion »Stories« für eine breitere Öffentlichkeit und alle Altersklassen interessant geworden. Mit Snapchat kann man seine Erlebnisse in zehnsekündigen Filmhappen dokumentieren und mit Masken, Schriften und Buttons ergänzen. Das Besondere daran: Nach 24 Stunden ist alles wieder verschwunden.

Live-Video eröffnet jedem Nutzer die Möglichkeit, Filmaufnahmen live ins Internet »zu senden«. Diese Anwendung wurde zuerst von Periscope und Meerkat eingeführt. Angesichts der starken Konkurrenz durch etablierte Unternehmen ist von Meerkat inzwischen kaum noch die Rede. Periscope droht starke Konkurrenz, nachdem Facebook ebenfalls eine Live-Video-Funktion eingeführt hat.

Die schnelle Entwicklung ist ein wesentliches Merkmal des digitalen Zeitalters. Gewissheiten gelten nicht mehr für Generationen, wie dies früher üblich war, sondern nur noch für Jahre, wenn nicht gar nur für Monate. Plattformen, die heute Trend sind und als zukunftsträchtig gelten, können in zwei Jahren schon längst wieder vergessen sein.

Es liegt in der Natur der Sache, dass Sie nicht auf allen Plattformen präsent sein können und müssen. Sie sollten aber über die wichtigsten Entwicklungen und Trends informiert sein. Nur so sind Sie in der Lage zu entscheiden, ob sich daraus nicht doch wichtige Chancen und Möglichkeiten für Sie ergeben.

BEISPIEL

Neue Audio-Netzwerke, wie z.B. anchor.fm, sollten Sie beispielsweise dann in Betracht ziehen, wenn Sie lieber sprechen als zu schreiben oder Filme zu drehen.

Wenn Sie nicht möchten, dass Ihre Inhalte dauerhaft archivierbar sind, dann probieren Sie Snapchat aus.

Um Überblick über die aktuellen Trends zu behalten, folgen Sie am besten ein oder zwei deutschsprachigen Social-Media-Gurus, z.B. Richard Gutjahr, und abonnieren einen entsprechenden E-Mail-Newsletter, z.B. Socialmediawatchblog. Oder Sie verfolgen die Berichterstattung in den einschlägigen Medien bzw. deren Online-Auftritte, z.B. t3n. So können Sie beobachten, welche neuen Plattformen die Profis ausprobieren und wie sie darüber sprechen. Anhand dieser Hintergrundinfos können Sie dann entscheiden, ob es sich für Sie lohnt, eine neue Social-Media-Plattform selbst auszuprobieren oder ob sie eher nichts für Sie ist.

Ausprobieren ist eines der wesentlichen Merkmale des Social Web. Haben Sie von einer interessanten neuen Plattform gehört, sollten Sie sie auch gleich ausprobieren. Der schöne Nebeneffekt, wenn Sie schnell auf Trends reagieren: Wer zuerst kommt, kann sich dort seinen Wunschnamen schützen.

> Wie überall im Netz gilt auch beim Testen, dass die meisten Ihrer Schritte öffentlich sind. Denken Sie also an ein sauberes Personenprofil, ein gutes Foto, und veröffentlichen Sie auch zu Testzwecken nur unverfängliche Inhalte.

Stellen Sie nach dem Test fest, dass die Plattform für Ihre Zwecke ungeeignet ist, sollten Sie sich wieder abmelden, Ihren Account dort also löschen. Es ist keine gute Außendarstellung, wenn man Sie auf einer Plattform entdeckt und Ihr letzter Beitrag dort über ein Jahr alt ist. Das gilt im Digitalzeitalter bereits als veraltet.

Ein Muss: XING und LinkedIn

Wenn Sie die sozialen Medien beruflich nutzen wollen, kommen Sie um die Netzwerke XING und LinkedIn nicht herum. Können oder wollen Sie nur Zeit für ein Netzwerk aufwenden, entscheiden Sie sich zwischen den beiden Plattformen am besten danach, wo Ihre Branche zu Hause ist:

- Wenn Sie sich beruflich hauptsächlich in Deutschland oder im deutschsprachigen Raum bewegen, reicht Ihnen XING vielleicht aus, auch wenn die Möglichkeiten dieses Netzwerkes etwas beschränkter sind als die von LinkedIn. XING wurde in

Deutschland gegründet und hat deshalb eine enorme Nutzerbasis im deutschsprachigen Raum, also in Deutschland, Österreich und der Schweiz. Internationale Profile sind auf XING eher selten, da dort die Mehrsprachigkeit fehlt.

- Wenn Ihre Branche im angelsächsischen Raum bzw. international engagiert ist, sollten Sie sich auf LinkedIn anmelden. Bei dem US-amerikanischen Netzwerk – das an den Software-Giganten Microsoft verkauft werden wird, so die Kartellbehörden es zulassen – sind naturgemäß die englischsprachigen Länder stark vertreten. LinkedIn wird dabei aufgrund der Universalität des Englischen immer mehr zu einem internationalen Geschäftsnetzwerk. Ihr Profil können Sie hier auf Deutsch und auf Englisch parallel anlegen. Insgesamt bietet LinkedIn derzeit über 40 Sprachen zur Vorauswahl an. Damit wird es auch Mitgliedern in anderen Ländern möglich, Ihr Profil zu verstehen.

- Es gibt daneben noch weitere berufliche Netzwerke für andere Sprachräume. Vor allem in China, Russland und Südamerika existieren soziale Netzwerke, die auch für Geschäftsleute interessant sind.

BEISPIEL

In China sind das Renren, Sina Weibo; in Russland sind es VK und Odnoklassniki.

Wenn Sie sich dort anmelden, sollten Sie die Sprache beherrschen und zumindest ein bisschen mit den kulturellen Eigenheiten vertraut sein.

Selbst wenn Sie XING oder LinkedIn nicht intensiv nutzen wollen, so sollten Sie mit Ihren wichtigsten beruflichen Daten dort präsent sein und diese auch aktuell halten. Es ist mittlerweile im geschäftlichen Umgang üblich, sich online zu vernetzen, nachdem man sich »live« kennengelernt hat. Auch findet niemand mehr etwas dabei, Gesprächspartner zu googeln oder in Netzwerken zu suchen, bevor man sie trifft und persönlich kennenlernt.

Machen Sie sich bewusst, dass im Internet nach Ihnen gesucht wird. Was man über Sie findet, kreieren Sie am besten ganz gezielt selbst. Sie müssen nicht alles und schon gar nichts Privates über sich preisgeben. Interessiert sich jemand beruflich für Sie, sollten Sie ihm jedoch die Möglichkeit geben, sich anhand eines gepflegten Profils in einem sozialen Business-Netzwerk wie XING oder LinkedIn im wahrsten Sinne des Wortes ein Bild über Sie machen zu können.

So präsentieren Sie sich optimal in beruflichen Netzwerken

- Sorgen Sie dafür, dass Sie sich mit einem stringenten und konsistenten Lebenslauf im Netz präsentieren. Entscheiden Sie sich für mehrere Netzwerke, achten Sie darauf, dass die Profile dort möglichst nicht voneinander abweichen.

- Überlegen Sie, wo Sie die beruflichen Schwerpunkte Ihrer Online-Präsenz setzen wollen, und entscheiden Sie, welche

Stationen in Ihrem Lebenslauf unbedingt genannt sein sollten. Besonders erwähnenswert ist es z. B., wenn Sie eine
Ausbildung oder Ihr Studium an renommierten Instituten
oder Universitäten absolviert haben oder wenn Sie in einem
in der Branche besonders angesehenen Unternehmen gearbeitet haben.

- Nennen Sie außergewöhnliche Höhepunkte Ihrer Karriere im
  Lebenslauf: Haben Sie Auszeichnungen erhalten, haben Sie
  Wettbewerbe gewonnen oder haben Sie an für die Branche
  besonders wichtigen Projekten mitgearbeitet?

- Legen Sie Ihre deutsche Zurückhaltung ab und lernen Sie von
  den Amerikanern: Was diese für unseren Eindruck oftmals
  zu viel an Selbstdarstellung bieten, geht uns Deutschen oft
  ab. Scheuen Sie sich nicht, auch kleinere berufliche Stationen
  hervorzuheben, wenn Sie im Gesamtzusammenhang Ihres
  Lebenslaufs wichtig für andere erscheinen können.

- Versuchen Sie zu vermeiden, dass Ihre Online-Präsenz und
  Ihr Auftritt im echten Leben auseinanderklaffen. Gibt es hier
  einen Bruch, werden andere das schnell erkennen. Ihre Authentizität ist dann in Gefahr; das kann sich auch auf Ihre
  Glaubwürdigkeit auswirken. Achten Sie z. B. auf ein Foto,
  anhand dessen man Sie bei persönlichen Begegnungen
  identifizieren kann. Es wirkt seltsam, wenn Ihr Foto nicht mit
  der Realität übereinstimmt, beispielsweise, weil es mit Pho-
  toshop »optimiert« wurde. Ihre Kontakte schließen daraus
  entweder, dass Sie Ihr Profil im Netz nicht sonderlich interessiert, oder dass Sie sich als jemand darstellen möchten, der
  Sie in Wirklichkeit nicht sind.

- Wenn Sie das Profil schnell und effizient anlegen wollen, bereiten Sie sich vor, etwa indem Sie einigermaßen aktuelle Bewerbungsunterlagen aus Ihren Akten heraussuchen. Diese enthalten ungefähr das, was auch in den Social Business Networks eingetragen werden soll.

> Natürlich haben Sie die Möglichkeit, das Profil später jederzeit zu erweitern oder zu verändern. Beachten Sie aber: Je vollständiger ein Profil ist, desto professioneller wirkt es auch.

Ihre Präsenz auf Social Business Networks: alles bedacht?

Mit der folgenden Checkliste können Sie nach dem Anlegen eines XING- oder LinkedIn-Profils überprüfen, ob Sie an alles Wichtige gedacht haben.

Ihr Profil: Haben Sie an alles Wichtige gedacht?	
Haben Sie ein qualitativ gutes, aktuelles und authentisches Foto von sich hochgeladen?	
Haben Sie Ihre aktuelle Position und Funktion beschrieben?	
Sind alle wichtigen Stationen im Lebenslauf dargestellt?	
Haben Sie Links auf Ihren aktuellen Arbeitgeber und ggf. vergangene gesetzt – am besten auf die Unternehmensseiten im jeweiligen Netzwerk?	
Haben Sie Ihre wichtigsten Kenntnisse, Fähigkeiten und Qualifikationen klar und eindeutig genannt?	
Haben Sie weitere (beruflich relevante) Präsenzen im Internet angegeben, beispielsweise einen Unternehmensblog, in dem Sie veröffentlichen?	

Ihr Profil: Haben Sie an alles Wichtige gedacht?	
Haben Sie Gruppen im Netzwerk ausfindig gemacht, die für Sie interessant sind, um ihnen beizutreten?	
Haben Sie wichtige Änderungen in Ihrem Netzwerk per E-Mail (wenn E-Mail Ihr bevorzugter aktueller Kommunikationsweg ist) angefordert?	
Haben Sie in den Privatsphäre-Einstellungen festgelegt, wer Ihrer Kontakte welche Daten einsehen können soll, so z. B. das Geburtsdatum, neu gewonnene Kontakte etc.?	

Aktiv sein in den beruflichen Netzwerken

Eine Präsenz auf XING oder LinkedIn kann mehr sein als eine Visitenkarte im Netz. Je aktiver man dort ist, desto besser kann das für die berufliche Reputation sein.

- Besuchen Sie Ihr Profil mindestens einmal wöchentlich, um sich auf den neuesten Stand über aktuelle Veränderungen in Ihrem Netzwerk zu bringen.

- Versuchen Sie mindestens einmal pro Woche auch ein Status-Update in Ihrem Social Business Netzwerk abzusetzen. Berichten Sie z. B. über interessante Fachbeiträge, die Sie gelesen haben, oder über Menschen in der Branche, die einen bleibenden Eindruck bei Ihnen hinterlassen haben.

- Unterstützen Sie Kollegen und Bekannte in der Branche, indem Sie deren Updates liken und teilen («sharen»). Dieses Engagement wird geschätzt und bestenfalls erhalten Sie Likes und Shares zurück.

> Vermeiden Sie aufdringliche Werbung oder die vertriebliche Ansprache von Kontakten. Das wird nicht gerne gesehen. So »verbrennen« Sie Ihre vorhandenen Kontakte und werden für neue Kontakte uninteressant. Soziale Netzwerke funktionieren über Reputation und Empfehlungen, nicht über knallharte Akquise.

Gruppen auf LinkedIn und XING

Sollten Sie nachhaltig an Ihrer Reputation arbeiten wollen, ist das Engagement in einer Gruppe eine Möglichkeit dafür. Sowohl LinkedIn als auch XING bieten die Möglichkeit, solchen Gruppen innerhalb ihres Netzwerks beizutreten. Mitglieder können ganz einfach auch selbst Gruppen einrichten. Diese sind üblicherweise an Branchen, Themen und Interessen ausgerichtet. Die Idee einer Gruppe ist es, Interessierte und Engagierte zu einem bestimmten Thema zusammenzubringen und den gemeinsamen Austausch und die Vernetzung zu fördern.

Was sich in der Theorie nach einer guten Idee anhört, funktioniert in der Praxis häufig leider nicht. Oftmals kommen die Aktivitäten in Gruppen zum Erliegen oder sie werden von einer Person oder Mitarbeitern eines Unternehmens mit ihren eigenen Interessen dominiert. Punktuell nutzen auch Mitarbeiter von Personalabteilungen und -beratungen Gruppen zweckwidrig, um Stellenanzeigen als Gruppennachricht zu veröffentlichen.

> Auch wenn Gruppen brachliegen, können sie von Nutzen für Sie sein: Sie können für andere ein Indikator für Ihre besonderen Interessen und Themenschwerpunkte sein. Einer Gruppe beitreten, die nicht sehr aktiv ist, kostet keine Zeit, ergänzt aber Ihr Profil.

Mit überschaubarem Engagement kann man in einer ruhigen Gruppe, in der der Mitglieder nicht allzu aktiv sind, bereits Aufmerksamkeit erzielen. Kalkulieren Sie jedoch regelmäßig Aufwand ein, um dauerhaft sichtbar zu bleiben. Das Engagement in einer Gruppe wird sich nur lohnen, wenn Sie dranbleiben. Kurzfristige, punktuelle Aktivitäten zahlen nicht nachhaltig auf Ihre Reputation ein. Daher gilt auch: Werden Sie lieber nur Mitglied in einer Gruppe (oder in wenigen) und investieren Sie dafür Zeit, statt in vielen inaktiv zu sein. Schauen Sie mindestens einmal die Woche in Ihren Gruppen vorbei, um sich über deren Aktivitäten auf dem Laufenden zu halten.

Aktiv sein in der Gruppe

- Eine besonders sichtbare aktive Rolle übernehmen Sie, wenn Sie sich zum Moderator der Gruppe ernennen lassen. Haben Sie die Moderatorenrolle inne, sind Sie in einer herausgehobenen Position und lernen Mitglieder kennen, die Ihrer Gruppe beitreten wollen.

- Bieten Sie Mehrwert für die Gruppe, indem Sie Tipps und Informationen teilen, z. B. Hinweise auf Veranstaltungen, Event-Berichte, Links zu Fachartikeln.

- Begrüßen Sie neue Mitglieder, auch wenn Sie nicht Moderator sind.

- Stellen Sie Fragen an die Gruppenmitglieder und beantworten Sie Fragen von anderen. Wenn Sie Fragen nicht direkt beantworten können, teilen Sie Ideen darüber, wo eine Antwort zu finden sein könnte.

- Regen Sie Offline-Treffen im echten (Berufs-)Leben an. Interessengruppen könnten sich beispielsweise regelmäßig nach Regionen an fixen Terminen, z. B. alle zwei Monate, treffen. Oder schlagen Sie Gruppentreffen auf Branchenveranstaltungen, wie z. B. Messen, vor, auf denen erfahrungsgemäß viele Gleichgesinnte unterwegs sind.

Aktiv sein in der Gruppe

- Wenn das Unternehmen, bei dem Sie beschäftigt sind, ein passendes Angebot hat, sei es eine Stelle, eine Veranstaltung oder ein Produkt, dürfen Sie das ruhig erwähnen. Weisen Sie aber gleichzeitig darauf hin, dass Sie Repräsentant des Unternehmens sind und werben Sie nicht für Ihren Arbeitgeber. Damit agieren Sie transparent und Ihre Glaubwürdigkeit bleibt erhalten.

Auch wenn es Sie nun reizt, eine eigene Gruppe speziell zu Ihrem Themengebiet zu gründen, prüfen Sie genau, ob Sie das wirklich wollen. Eine Gruppe ins Leben zu rufen und sie aktiv weiterzuentwickeln, kostet Zeit und Aufwand. Sie müssen alleine Mitglieder für die neue Gruppe rekrutieren und Sie müssen laufend Inhalte bieten, für die es sich lohnt, Mitglied in Ihrer Gruppe zu werden. Das kann mühsam sein oder sogar frustrierend, wenn Sie als Einzige/r engagiert sind.

Wenn Sie sich nicht der Unterstützung von Kollegen oder Bekannten versichern können, prüfen Sie lieber, ob Sie sich nicht in einer bestehenden Gruppe für Ihr Thema engagieren können. Sollte das Thema dann so gut laufen, dass sich dafür eine eigene Gruppe lohnt, können Sie sie später immer noch gründen, und Mitglieder aus der bestehenden Gruppe »mitnehmen«.

Veranstaltungen über XING und LinkedIn steuern

Sie können in den Netzwerken und in Ihren Gruppen zu Veranstaltungen, neudeutsch auch Events genannt, einladen. Wenn Sie Organisator eines themenbezogenen Events sind, erhöht das ebenfalls Ihre Sichtbarkeit und ist für Ihr Netzwerk ein zusätzliches Zeichen Ihres Engagements auf einem bestimmten

Gebiet. Hier bieten sich z. B. Treffen an, die entweder von Ihrem Unternehmen organisiert werden oder von einem Branchenverband oder einer Regionalgruppe.

Finden Sie möglichst vor der Einladung zu einer solchen Veranstaltung heraus, ob Interesse an einer Teilnahme seitens der Gruppenmitglieder besteht. Zumindest einige aus Ihrem Netzwerk sollten daran Interesse zeigen. Es ist nicht glaubwürdig und eher unangenehm, eine Großveranstaltung anzukündigen, aber keinerlei Interesse an dem Event über Ihr Netzwerk zurückgespiegelt zu bekommen. Vermeiden können Sie solche Situationen, wenn Sie bei der Organisation von bestehenden, bereits etablierten Veranstaltungen mitmachen und das Veranstaltungsmanagement über Ihr Netzwerk erledigen. Wählen Sie diesen Weg, dann findet Ihr Einsatz dafür in jedem Fall positive Beachtung in der Gruppe. XING selbst stellt für Events, die über die Plattform promotet werden, ein System für den Vertrieb von kostenlosen und kostenpflichtigen Eintrittskarten zur Verfügung und bietet unter »XING Events« noch weitere Dienstleistungen rund um Veranstaltungen an.

Daneben gibt es für Veranstaltungen, die über Social Networks organisiert werden, etwa noch den US-Anbieter Eventbrite. Letzterer ist in den Optionen für die Abwicklung von Zutritten und die Sitzplatzvergabe etwas besser als XING. Die deutsche Plattform hat dafür den unschlagbaren Vorteil der Integration in das Netzwerk. Dank der Abfragen nach Themen, Branchen und Zielgruppen wird Ihr Event automatisch an den richtigen

Personenkreis beworben. Wenn Sie XING Events aber wirklich zur Werbung für Ihre Veranstaltung nutzen wollen, sollten Sie sich für eine bezahlte Version der Funktion entscheiden, damit Sie von weiteren Vermarktungsvorteilen profitieren können und die Verbreitung auf XING nicht dem Zufall überlassen ist.

Auch Facebook bietet übrigens die Möglichkeit, Veranstaltungen einzurichten und Mitglieder dazu einzuladen. Allerdings stellt sich in der Praxis oft heraus, dass diese Zusagen von den Interessierten für unverbindlich gehalten werden, da kein Ticketing-System dahintersteht. Es hat sich bewährt, Veranstaltungen durchaus auch auf Facebook zu bewerben, Zusagen dazu aber beispielsweise über eine kostenlose Eintrittskarte via XING Events oder Eventbrite verbindlicher zu machen.

Neue Kontakte finden
Das wichtigste Ziel im Social Business Network ist es nicht etwa, die meisten Kontakte zu haben. Sie sollten vielmehr versuchen, die richtigen Kontakte in Ihrem Netzwerk zu finden und zu pflegen. Die richtigen Kontakte sind diejenigen, die für Sie wichtig sind, etwa aus beruflichen Gründen, weil sie fachliches Know-how haben oder sich im Markt gut auskennen, gut vernetzt sind (sog. Influencer) und Follower haben, die ihrerseits etwas zu sagen haben.

Schritt für Schritt zur neuen Kontakten
1 Nehmen Sie alle Visitenkarten, die Sie im beruflichen Kontext erhalten haben, zur Hand. Ordnen Sie sie in Stapel nach den folgenden Prioritäten: • aktuell und wichtig, • nicht mehr aktuell, aber wichtig, • nicht mehr aktuell und nicht so wichtig.
2 Beschäftigen Sie sich mit dem ersten Stapel »aktuell und wichtig«. Richten Sie via XING oder LinkedIn Kontaktanfragen an die Betreffenden.
3 Machen Sie das Gleiche mit dem zweiten Stapel.
4 Bevor Sie den dritten Stapel »nicht mehr aktuell und nicht so wichtig« wegschmeißen, sehen Sie ihn nochmal durch und überlegen Sie, ob nicht doch der ein oder andere Kontakt wieder für Sie wichtig werden könnte.

Verfahren Sie genauso mit den Kontakten aus Ihrem E-Mail-Programm und Ihren anderen persönlichen Kontaktdatenbanken.

> Diese Arbeit zahlt sich in jedem Fall aus: Auch wenn Sie später Ihr Netzwerk nicht aktiv nutzen, so ist es doch wenigstens ein sich selbst aktualisierendes, berufliches Adressbuch für Sie.

Stellen Sie Ihre Kontaktanfragen immer mit einer persönlichen Nachricht, die einen Bezug zum Kennenlernen herstellt. Am besten ist es hier natürlich, wenn man sich schon einmal von Angesicht zu Angesicht getroffen hat. Aber auch virtuelle Begegnungen, etwa Diskussionen in einer XING- oder LinkedIn-Gruppe, können Anlass für eine Kontaktanfrage sein.

Von Kontaktanfragen zu Personen, die Sie nicht kennen, sollten Sie Abstand nehmen. Wer sein Netzwerk ernst nimmt, wird sich nicht einfach so mit Ihnen vernetzen. Auch für Sie ist dieser Kontakt eher wertlos, da Sie sich nicht auf eine Verbindung im echten Leben berufen können. Wenn Sie unbedingt jemanden Ihren Kontakten hinzufügen wollen, den Sie noch nicht persönlich getroffen haben, stellen Sie wenigstens einen Bezug zu einem aktuellen Anlass her. Das kann ein Artikel vom anderen sein, den Sie gelesen haben; ein Interview, das Sie gesehen haben oder sein Auftritt auf einer Veranstaltung, von dem Sie gehört oder den Sie live miterlebt haben.

Am besten Sie vernetzen sich immer möglichst schnell, nachdem Sie jemanden persönlich getroffen haben, also direkt nach einem geschäftlichen Termin oder einer Veranstaltung. Nehmen Sie sich beispielsweise auf der Bahnfahrt zurück von einer Messe ein paar Minuten Zeit, die Namen aus den eingesammelten Visitenkarten über XING und LinkedIn zu suchen und sie Ihren Kontakten hinzuzufügen. Dann ist die Erinnerung an Sie noch frisch.

Bezahltes oder unbezahltes Profil?

Sowohl XING als auch LinkedIn bieten kostenlose Profile und kostenpflichtige Premium-Mitgliedschaften. Während sich bei XING das bezahlte Profil mit knapp 100 Euro pro Jahr noch im Rahmen hält, werden für einen Premium-LinkedIn-Account rund 350 Euro jährlich fällig. Man sollte vorher also genau überlegen, ob sich die Investition lohnt.

Generell ist es so, dass bei der Premium-Mitgliedschaft mehr Funktionen zur Verfügung stehen. Dabei sollten Sie genau prüfen, ob diese für Sie von Wert sind.

BEISPIEL

Ebenso wie XING bietet LinkedIn nur für Premium-Mitglieder eine vollständige Liste aller Profilbesucher an. Außerdem können bei LinkedIn nur die zahlenden Kunden an eine unbegrenzte Anzahl von Mitgliedern Kontaktanfragen stellen. Auch wird nur solchen die Möglichkeit eingeräumt, eine bestimmte Anzahl von Kontakten, mit denen man bisher nicht vernetzt ist, über netzwerk-interne Mails zu adressieren. Eine rechtlich heikle Funktion: Beachten Sie, dass diese Art der Kontaktaufnahme als Spam oder Werbung betrachtet werden kann; nutzen Sie sie deshalb nur sensibel und zurückhaltend.

LinkedIn bietet derzeit unterschiedliche Premium-Mitgliedschaften an, je nachdem, was Sie im Netzwerk vorhaben: Wenn Sie einen neuen Job suchen, wenn Sie Vertriebskontakte suchen, wenn Sie selbst als Personalbeschaffer Stellensuchende finden wollen oder, wenn Sie Ihrer Karriere neuen Schwung geben wollen. Die letzte Variante ist die Günstigste, als Personaler zahlen Sie am meisten.

Vielleicht finanziert Ihr Arbeitgeber ja auch die Premium-Mitgliedschaft. Wenn Sie häufig für das Unternehmen, bei dem Sie beschäftigt sind, auf dem Netzwerk unterwegs sind, sollte das möglich sein, etwa in Vertriebs-, Marketing- oder Business-Development-Positionen. Wer selber zahlen muss, sollte unbedingt daran denken, den Mitgliedsbeitrag von der Steuer abzusetzen.

Wer bietet mehr: LinkedIn oder XING?

Wer kann Ihnen mehr bieten: XING oder LinkedIn? Auch wenn diese Frage nur schwer zu beantworten ist, so muss sie doch gestellt werden. Wie bereits zu Beginn des Kapitels erwähnt, ist das wichtigste Unterscheidungskriterium zwischen beiden wohl die geografische Reichweite der Anbieter. Während XING mit über 12 Millionen Mitgliedern im deutschsprachigen Raum punktet, breitet sich LinkedIn aufgrund seiner US-amerikanischen Herkunft über alle Länder aus, in denen Englisch als Zweit- oder Geschäftssprache gilt. Angeblich stammen rund zwei Drittel der Mitglieder auf LinkedIn nicht aus den USA. Natürlich sind Mitarbeiter von internationalen Unternehmen daher eher auf LinkedIn denn auf XING vertreten. Nach wie vor ist es aber so, dass Mitarbeiter deutscher Großkonzerne trotz weltweiter Aktivitäten lieber auf XING unterwegs sind.

Entscheiden Sie im Zweifelsfall danach, wo Sie die Mehrzahl Ihrer Kontakte finden. Wenn Sie aktiv und vor allem international netzwerken wollen, sollten Sie aber auf beiden Plattformen präsent sein. Vielleicht bietet es sich ja auch an, nur ein Netzwerk als Premium-Mitglied zu nutzen, während Sie auf dem anderen ein kostenloses Profil einrichten.

XING versucht, durch Partnerschaften mit Unternehmen für seine Mitglieder attraktive Konditionen beispielsweise beim Arbeitgeberrechtsschutz, bei der Autovermietung oder bei der Hotelbuchung anzubieten.

LinkedIn Pulse: Mini-Blog für längere Texte

LinkedIn hat neben der oben beschriebenen Möglichkeit, verschiedene Premium-Varianten für verschiedene Anforderungen zu buchen, noch einen weiteren Vorteil: Mit LinkedIn Pulse erhalten Sie eine blogähnliche Publikationsplattform für längere Texte. Wenn Sie über selbst erstellte Inhalte an Ihrer Reputation arbeiten oder bereits veröffentlichte Texte im Netzwerk zweitverwerten wollen, sollten Sie prüfen, ob LinkedIn Pulse etwas für Sie ist. Ohne den administrativen Aufwand eines eigenen Blogs und mit integrierten Netzwerkfunktionen können Sie damit schnell und einfach im Internet publizieren und Ihre Kontakte auf Ihre Texte aufmerksam machen. LinkedIn bietet noch weitere Premium-Vorteile, wie das folgende Beispiel eines Projekts zeigt. Es wurde tatsächlich umgesetzt, aus Vertraulichkeitsgründen wurden jedoch die Branchen geändert.

BEISPIEL

Ein kleines Unternehmen mit einer speziellen Hardware für große Motorradhersteller suchte Kontakt zu dessen Einkäufern. Wegen der Einschränkung der Zielgruppe auf einen ganz bestimmten, klar abgegrenzten Personenkreis wurden klassische Marketing- und Vertriebsmaßnahmen zur Kontaktaufnahme als wenig effizient eingeschätzt. Stattdessen bediente man sich des sog. LinkedIn Sales Navigators und beobachtete, welche Themen in der Branche der Motorradhersteller anstanden. Mit dem kostenpflichtigen Werkzeug Sales Navigator von LinkedIn wurde es möglich – ähnlich einem Filter, der immer feiner gestellt wird – diese Kontakte für den Vertrieb in LinkedIn zu identifizieren. Statt nun aber über die direkte Ansprache, auch die ist bei kostenpflichtigen LinkedIn Accounts möglich, das übliche Vertriebsgespräch anzubahnen, entschied sich das Hardware-Unternehmen für den nachhaltigeren Weg des Kontaktaufbaus mit Themen-Management und Content-Marketing: Mitarbeiter des Unternehmens brachten sich auf vielfältigen Wegen zu aktuellen Themen der Branche ins Gespräch: in Gruppen, über LinkedIn Pulse Blog-Beiträge und über regelmäßige Status-Updates. Die Anlässe für die Kommunikation lieferte die Themenbeobachtung. Darauf aufbauend erstellte die Marketing-Abteilung inhaltliche Vorschläge, die von den Mitarbeitern für ihre persönlichen Kanäle angepasst werden konnten. So gelang es nach wenigen Wochen, Vertriebsmitarbeiter als kompetente Gesprächspartner und Impulsgeber in LinkedIn zu etablieren. Auf Basis des dadurch aufgebauten Vertrauens können die Vertriebsmitarbeiter des Hardware-Herstellers nun ihre spezielle Kompetenz und ihre Produktlösungen einfließen lassen, ohne dass die potenziellen Kunden sie gleich wegen eines Verkaufsgesprächs blocken. Ergänzend dazu ist es möglich, weiterführende Inhalte, die auf Basis der Beobachtung der Branchenthemen entwickelt werden, auch über Werbung in LinkedIn an spezielle Zielgruppen auszuspielen. Damit kann die übrige Vertriebsarbeit optimal ergänzt werden. Moderner Vertrieb in sozialen Netzwerken ist also mehr als bloßes Abtelefonieren von Kontakten, die das Marketing liefert.

Facebook: nur privat oder auch geschäftlich?

In den Anfangszeiten der großen Social Networks war alles noch einfach und überschaubar: Die meisten Nutzer in Deutschland trennten fein säuberlich in XING für Berufliches und Facebook für Privates. Das resultierte wohl daher, dass die Informationen, die Facebook abfragt, um das Profil zu vervollständigen, wesentlich privater sind. Denn Lieblingsfilme oder Lieblingsbücher spielen zumindest in der ersten Phase eines beruflichen Kontakts selten eine wichtige Rolle. Facebook positioniert sich zudem als allumfassendes Netzwerk, weshalb sich regelmäßig auch recht schnell Familienmitglieder und alte Schulfreunde zur Timeline gesellten. Als reines Business-Netzwerk war Facebook damals ziemlich ungeeignet.

Doch das ist anders geworden. Heute wird bereits die Diskussion darüber geführt, ob Facebook durch seine Positionierung als Netzwerk für Jedermann und Alles nicht gar seine Rolle als privates Netzwerk verloren hat: In dem Maße, in dem sich zunehmend auch lose Kontakte, Kollegen, Geschäftsfreunde und Business-Partner in der eigenen Timeline tummeln, empfinden es Facebook-Mitglieder offenbar immer problematischer, tiefere Einblicke ins Privatleben zu geben. Sie weichen für ihre ganz private Kontaktpflege dann für die 1:1-Kommunikation gerne in abgeschlossene, geschütztere Bereiche aus, beispielsweise über WhatsApp, sein sichereres Pendant Threema oder Snapchat. Und sie bilden dort private Gruppen, wo sie, teilweise ad hoc, selbst entscheiden können, mit wem sie ihren Status und ihre Nachrichten teilen wollen.

Dabei ist eine halbwegs vertrauliche Kommunikation auch über Facebook möglich. Sie können dort über die Privatsphäre-Einstellungen festlegen, wer Ihre Status-Updates sehen darf. Sie können Ihre Beiträge öffentlich, für jedermann sichtbar machen oder sie auf Ihre Freunde oder Listen von Freunden beschränken. Sie können Ihre Freunde bei Facebook auch auf unterschiedliche Zielgruppen aufteilen.

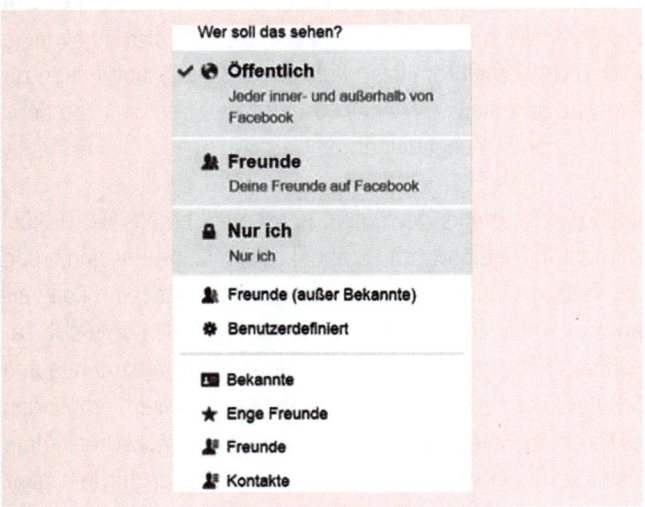

Auszug aus den Privatsphäre-Einstellungen bei Facebook

Sie können hier dann auch eine Liste einrichten, die aus Arbeitskollegen oder Geschäftspartnern besteht. Es bietet sich an, hier zu unterscheiden

- nach Familie für Familieninterna,
- nach Freunden für Privates, und
- nach weiteren Gruppen, z. B. Bekannten oder Kollegen, die Privates nichts angeht.

> Sie müssen für jede Veröffentlichung neu entscheiden, wer sie sehen darf.

Eine Möglichkeit, mit der Facebook auch die private und nach außen nicht sichtbare Kommunikation ermöglicht, sind geschlossene Gruppen. Diese Gruppen sind praktisch, wenn man sich z. B. für bestimmte Aktivitäten mit Gleichgesinnten, beispielsweise für ein Event zu einem Expertenthema, organisieren will. Gruppen bieten vielfältige Möglichkeiten der Kommunikation, so auch Terminabsprachen oder Dateiablagen für gemeinsame Dokumente. In einer geschlossenen Gruppe bekommen nur deren Mitglieder Updates in ihren Timelines angezeigt. Ihnen sollte hier allerdings bewusst sein, dass wichtige Mitteilungen aufgrund der Vielzahl der Nachrichten in den Timelines untergehen können. Nicht klar ist, ob der berühmt-berüchtigte Facebook-Algorithmus bei Mitgliedern auch Gruppennachrichten aussortiert. Nach diesem Algorithmus werden diejenigen Posts ganz oben angezeigt, die Facebook selbst am wichtigsten einschätzt.

Haben Sie auf Ihrem Facebook-Account private Dinge gepostet, die Ihr berufliches Umfeld nicht sehen soll, sollten Sie die Privacy-Einstellungen zu Ihrem Account überarbeiten.

Wie wichtig ist Google+?

Das Netzwerk von Google wurde bei seinem Start noch von vielen euphorisch als echter Konkurrent von Facebook angekündigt. Google+ verfügt auch tatsächlich über viele praktische Funktionen, nicht zuletzt über seine enge Verbindung mit den anderen Google-Diensten. Dies wird beispielsweise deutlich bei der sehenswerten Fotogalerie. Außerdem zeichnet es sich durch eine deutliche andere Optik aus als Facebook, XING und LinkedIn. Als Netzwerk verfügt es über vergleichbare Funktionen zum Veröffentlichen und Teilen wie andere Social Networks. Statt dem hochgereckten Daumen wird ein Like mit einer +1 ausgedrückt.

Allerdings konnte sich dieses Netzwerk in der breiten Öffentlichkeit nicht durchsetzen, schon gar nicht als Business-Netzwerk. Zu stark war die Vormacht von Facebook bereits, als Google+ im Jahr 2011 auf den Markt kam. Auch der damalige deutsche Platzhirsch XING hatte seine Pfründe als Netzwerk für Geschäftsleute schon seit dem Jahr 2003 gesichert. Dennoch sollte man sich Google+ ansehen, wenn man das Internet und das Social Web intensiver nutzen will.

Die meisten Social-Media-Experten sind auf Google+ vertreten und das nicht ganz grundlos. Wenn es um die persönliche Online-Reputation geht, darf man davon ausgehen, dass es für die Suchmaschine von Google eine Rolle spielt, mit welchem Profil man bei Google+ unterwegs ist. Irgendwo im Algorithmus der gigantischen Suchmaschine dürfte verifiziert und bewertet werden, ob und wie man auf Google+ präsent ist. Das ist zwar auch nur ein Mosaikstein in der persönlichen Suchmaschinenoptimierung, aber einer, der leicht zu haben ist. Warum also nicht auch sein Google+ Profil etwas pflegen?

Mit einer Software zur Verwaltung von Social-Media-Konten, wie z. B. Hootsuite, wird die Pflege von Google+ noch einfacher. Sie können dann einfach aus einem Programm heraus mehrere Social-Media-Plattformen bedienen.

Bilder verschönern und teilen mit Instagram

Bilder machen einen großen Teil des Social Web aus. Wie in der analogen Welt, etwa bei Zeitungen und Zeitschriften, sind Bilder ein Hingucker. Sie ziehen die Aufmerksamkeit auf sich. Das gilt umso mehr für Filme und Videos.

Die Qualität der Smartphone-Kameras wird immer besser. Bilder und Filme lassen sich mit damit immer und überall aufnehmen, selbst unter schlechten Lichtverhältnissen. Leistungsfähige Handys und einfache Apps machen die Nachbearbeitung der Aufnahmen zum Kinderspiel.

Die zunehmende Bandbreite der Mobilfunknetze und die steigende Verfügbarkeit von öffentlichem WLAN sorgen dafür, dass nicht nur das Hochladen von Bildern und Filmen auf die entsprechenden Plattformen immer schneller geht. Selbst Live-Videos vom Smartphone sind mittlerweile möglich. Und so werden auch die Plattformen, die das Teilen von Fotos und Videos möglich machen, immer populärer. Der Online-Dienst Instagram, der mittlerweile zum Facebook-Konzern gehört, hat inzwischen mehr Nutzer als Twitter.

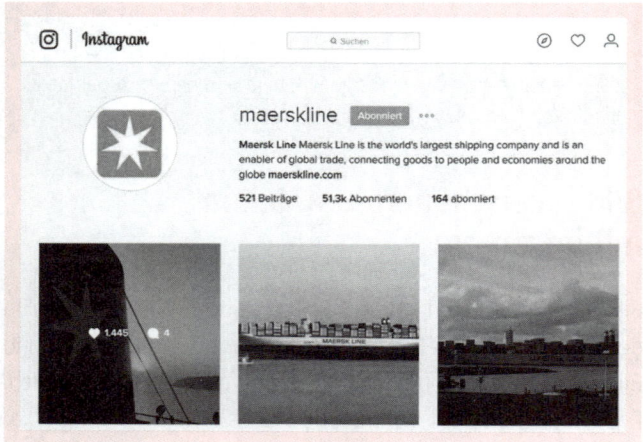

Professioneller Instagram-Account eines Schifffahrtsunternehmens

Instagram verfügt über alle klassischen Merkmale einer Social-Media-Plattform: Sie können Nutzern folgen, deren Bilder liken, kommentieren und teilen. Seine Attraktivität erreichte Instagram über die Möglichkeiten zur Nachbearbeitung der Bilder. Geschickt ausgewählte Filter geben diesen eine typische Anmutung. Die Effekte sorgen dafür, dass auch Standardbilder zu Hinguckern werden können. Die Filtervarianten wurden im Lauf der Zeit immer weiter ausgebaut; zudem wurden zahlreiche Funktionen integriert, wie sie aus Programmen zur Bildbearbeitung bekannt sind, etwa für Farbe, Sättigung und Kontrast. Erst spät gestattete es Instagram, auch kurze Videos hochzuladen. Mittlerweile sind dort jedoch sogar Filme bis 60 Sekunden möglich.

Instagram ist, wie man vermuten könnte, nicht nur für die private Nutzung interessant. Vor allem in Branchen, in denen aussagekräftige Bilder eine große Rolle spielen, ist der Online-Dienst mittlerweile nicht mehr wegzudenken, etwa im Tourismus, bei Designern, in der Gastronomie. Selbst unter Berufsfotografen wird Instagram mittlerweile zur Selbstvermarktung genutzt.

Wie Sie Instagram für berufliche Zwecke nutzen können

Es liegt nahe, die Produkte der eigenen Firma in Instagram abzubilden. Versuchen Sie jedoch nicht, den professionellen Fotografen Ihres Unternehmens mit ihren hochauflösenden und inszenierten Produktbildern Konkurrenz zu machen. Denken Sie sich lieber etwas anderes aus:

- Sind Sie bei Kunden unterwegs, fragen Sie sie, ob Sie die Produkte im Einsatz fotografieren dürfen.

- Ist Ihre Firma schon länger im Geschäft, dokumentieren Sie historische Produkte, wenn Sie Zugang dazu haben.

- Bei großen Produkten, etwa Maschinen oder Anlagen, fotografieren Sie Details oder die Menschen, die sie gerade bedienen.

> Wer fotografiert, muss die Rechte anderer kennen und sie auch beachten. Auf der sicheren Seite sind Sie, wenn Sie vor den Aufnahmen eine Genehmigung für das Abfotografieren beim Kunden bzw. bei Ihrem Unternehmen einholen. Siehe dazu ausführlich das Kapitel »Aktiv im Web mit fremden Inhalten«.

Aber auch wenn Sie in Branchen unterwegs sind, in denen es eher weniger auf Bilder ankommt, lässt sich mit Fotos auf Instagram die Aufmerksamkeit anderer auf eigene Kanäle lenken:

- Berichten Sie von Branchenveranstaltungen und Events Ihrer Firma auch in Bildern.

- Haben Sie von Ihrem Firmensitz aus eine interessante Aussicht, dokumentieren Sie diese zu verschiedenen Tages- und Jahreszeiten.

- Sind Sie im Außendienst unterwegs, können Sie bestimmte Dinge in einer Art fortlaufender Sammlung festhalten, z. B. die Nachttischlampen in allen Unterkünften, in denen Sie übernachten, die Logos der Hotels oder die Gestaltung der Speisekarten. Das hängt zwar nicht direkt mit Ihrem Beruf zusammen, schafft aber eine andere Art der Wiedererkennung und des Erinnerns an Ihre Person.

Wie Sie Resonanz zu Ihren Bildern erzielen

Verlinken Sie in Ihrem Instagram-Profil auf das Netzwerk, das Sie vornehmlich benutzen, beispielsweise XING oder LinkedIn. Das ist natürlich nur dann sinnvoll, wenn Sie in Instagram auch viele beruflich veranlasste Bilder veröffentlichen.

Insbesondere bei Instagram zeigen Hashtags enorme Wirkung. Darüber wird die Suche nach Bildern und Filmen zu bestimmten Themen ermöglicht.

Über zusätzliche Fremd-Apps, z. B. Top-Hashtags oder keyhole.co, können Sie ermitteln, welche Hashtags besonders erfolgreich und im Umfeld des gesuchten Schlagworts auch gefragt sind.

Treffen Sie das richtige Hashtag, haben Sie in kurzer Zeit recht schnell viele Likes und neue Follower. Manche Bildunterschriften auf Instagram gleichen deshalb auch regelrechten Hashtag-Wüsten.

Natürlich lassen sich Instagram-Bilder und -Filme auch verlinken oder direkt in andere Web-Anwendungen einbetten, etwa in Webseiten oder Blogs. Zusätzliche Hilfsprogramme, die nicht direkt von Instagram bereitgestellt werden, erlauben es sogar, Ihre gesamte Instagram-Galerie auf einer Webseite zu präsentieren oder Bilder aller Instagram-Nutzer, die mit einem bestimmten Hashtag versehen sind, darzustellen. Zudem gibt es zahlreiche Tools, die die Verwaltung von Instagram Accounts erleichtern.

Weitere Bild-Plattformen

Instagram ist nicht die einzige soziale Bild- und Kurzfilm-App, aber die populärste. Um Instagram herum hat sich mittlerweile eine nicht unerhebliche Community gebildet. Sie trifft sich zu gemeinsamen Veranstaltungen. So gibt es etwa Foto-Rallyes zu bestimmten Themen, Terminen oder Orten, auch Instawalks genannt.

Wer (semi-)professionell fotografiert, sollte sich mit Plattformen wie Flickr oder 500px beschäftigen. Sie richten sich vor allem an engagierte Hobby-Fotografen oder Profis. Der Schwerpunkt bei diesen Plattformen liegt auf der Präsentation des Bildportfolios. Die Vernetzung spielt eine geringere Rolle, auch wenn Bilder, zumindest auf 500px, oft leidenschaftlich kommentiert werden. Bei Flickr sollte man beachten, dass diese Plattform zu Yahoo! gehört, einem US-Internetkonzern, der derzeit (im Frühjahr 2016) etwas ins Straucheln geraten scheint. Dies sollten Sie berücksichtigen, bevor Sie Flickr in die engere Wahl aufnehmen.

Auch eine in Berlin gegründete deutsche Bild-Plattform namens EyeEm professionalisiert sich mittlerweile. Sie möchte den renommierten Bildagenturen mit semi-professionellen Bildern Konkurrenz machen. Der Schwerpunkt geht dort also weg von der Vernetzung, die aber möglich ist, hin zur Vermarktung.

Die Bilder auf allen drei genannten Plattformen lassen sich wie bei Instagram einfach teilen und in andere Webseiten einbetten.

Pinnen Sie sich durchs Netz mit Pinterest

Das Konzept des Kuratierens, also der Auswahl und des Weiterempfehlens von Bildern und Filmen, hat sich Pinterest zu eigen gemacht. Sie können auf dieser Plattform selbst angelegten Sammlungen Bilder und Filme aus dem Netz hinzufügen, sie mit Kommentaren und Links versehen und weiterverbreiten.

Pinterest unterstützt dabei die gängigen Bildformate im Internet und die Video-Plattformen YouTube und Vimeo.

Andere Pinterest-Nutzer können Ihren Sammlungen, auch Boards genannt, folgen und sich daraus wiederum für ihre eigenen Sammlungen bedienen und die von Ihnen gesammelten Bilder liken. Insbesondere in der Mode-, Design-, Einrichtungs- und Bastelszene (neudeutsch: DIY für Do it yourself) ist Pinterest deshalb sehr beliebt. Die Vorteile dieses Bildernetzwerks auch für andere Geschäftszwecke sollten jedoch nicht unterschätzt werden.

Mittels von den Webseitenbetreibern bereitgestellter »Pin-Knöpfe« lassen sich Sammlungen sehr einfach erstellen und Bilder hinzufügen. Der Begriff »Bild« bezeichnet dabei alles, was in Form von Bildformaten, z.B. als jpg-Datei, vorliegt; es müssen also nicht zwingend nur Fotos sein. Vielmehr lassen sich auch Grafiken, Textausschnitte usw. »pinnen« und sammeln. Selbst Videos von YouTube können mittlerweile auf Boards archiviert werden.

BEISPIEL

Weinhändler könnten etwa die Weinflaschen ihres Sortiments direkt von der Webseite des Winzers pinnen und ihren eigenen Sammlungen hinzufügen, mit Kommentaren versehen und direkt mit den Angeboten in ihrem Shop verlinken.

Außerdem können Sie natürlich die im Web beliebten Infografiken sammeln. Der in Social Media sehr aktive Wirtschaftsjournalist Michael Kroker tut dies etwa für Grafiken, die mit dem Social Web zu tun haben. Wenn man also entsprechende Grafiken sucht, ist man bei ihm gut aufgehoben. Auch er arbeitet damit übrigens an seiner Reputation im Bereich Social Media und Web.

Pinterest ist optimal geeignet dafür, anderen die eigenen Interessensschwerpunkte näher zu bringen. Die Plattform hat die bewährten Funktionen von sozialen Medien sehr gut umgesetzt. Nahezu unnötig zu sagen, dass Bilder und Sammlungen aus Pinterest auch eingebettet und verlinkt werden können, um so in anderen sozialen Medien oder anders weiterverbreitet zu werden. Sie sollten sich Pinterest auf jeden Fall ansehen, auch wenn Sie sich beruflich nicht in der Mode- oder Bastlerszene bewegen. Wenn Sie in diesen Bereichen tätig sind, ist es für Sie und Ihr Unternehmen jedoch ein Muss, dort präsent zu sein.

Deutsches Urheberrecht (siehe dazu auch das Kapitel »Stolperstein: Inhalte anderer) ist für Pinterest mit Hauptsitz in San Francisco natürlich ein Fremdwort. Sie müssen sich also selbst darum kümmern, dass Sie wegen Ihrer Aktivitäten dort nicht in rechtliche Schwierigkeiten geraten. Experimente, wie geschützte Bilder etwa per Screenshot abzuspeichern, sie damit zu »eigenen Bildern« zu machen und dann den persönlichen Sammlungen hinzuzufügen, sind nicht legal. Pinnen Sie am besten nur Bilder, die extra dafür gekennzeichnet wurden – auch wenn das noch lange nicht heißt, dass der Veröffentlicher die Nutzungsrechte am Bild hat. Oder Sie machen sich die Mühe, die

Lizenz des Bildes nachzuvollziehen. Damit geht aber die Grundidee von Pinterest, das schnelle Sammeln von Bildern, verloren.

140 Zeichen schnell: Twitter

So viel vorweg: Wer sich an Twitter gewöhnt hat, wird es nicht mehr missen wollen. Bis man ein Erfolgserlebnis und einen konkreten Nutzen daraus ziehen kann, erfordert der Online-Dienst, mit dem das sog. Microblogging möglich ist, allerdings Gewöhnung und Übung. Gewöhnung, weil 140 Zeichen Text, die einem für eine Twitter-Nachricht zur Verfügung stehen, sehr wenig sind. Und Übung, weil, bedingt durch die geringe Textmenge, mit Abkürzungen, Kurzlinks, Hashtags und den Nutzernamen gearbeitet wird. Wenn man mit Twitter nicht vertraut ist, verwirren die kryptischen Botschaften oft mehr, als dass sie Erkenntnisse bringen. Es erfordert zudem etwas Erfahrung, wenn man die Kürzel rasch verstehen will. Und darauf ist man auch angewiesen: Das schnelle Erfassen der Tweet-Inhalte ist nämlich notwendig, da Twitter am besten in Echtzeit funktioniert.

Warum Twitter auch für den Beruf interessant ist

Wie für alle anderen Social-Media-Plattformen gilt auch für Twitter, dass die möglichen Inhalte thematisch grenzenlos sind. Ob Sie sich also über Ihren Beruf, Ihre Hobbys, Ihr Haustier oder Ihr Abendessen auf Twitter auslassen, bleibt Ihnen überlassen. Auch wem Sie folgen, ist Ihnen völlig freigestellt: Sie können

Stars und Sternchen folgen, Politprominenz, Hundehaltern, aber auch Behörden, Unternehmen und Forschungseinrichtungen. Wenn Sie Twitter für Ihre berufliche Reputation einsetzen wollen, was ich unabhängig von Ihrem Beruf uneingeschränkt empfehlen kann, sollten Sie sich aber eine Timeline zusammenstellen, die Ihren Anforderungen und Bedürfnissen im Job entspricht. Dann bietet Twitter gegenüber Facebook und anderen Kanälen nämlich deutliche Vorteile.

Einer der großen Vorteile von Twitter ist die Beschränkung auf das Wesentliche und seine Funktion als »Linkschleuder«. Die Stärke von Twitter ist, dass die Inhalte dort nicht selbst hinterlegt werden müssen, sondern dass viel mit Verweisen und Links gearbeitet wird. Nirgendwo erhält man, bei entsprechend zusammengestellter Timeline, in kürzester Zeit so viele Hinweise auf gute Informationen, vornehmlich im Web. Zwar spielt auch Twitter mittlerweile Videos ab, dennoch wird man dort noch nicht durch so viele unterschiedliche Inhalte und Werbung abgelenkt wie etwa bei Facebook. Zudem beeinflusst Twitter Ihre Timeline nicht – anders als bei Facebook, wo Sie immer nur eine durch einen Algorithmus gefilterte Timeline sehen. Allerdings bedarf es etwas Geduld, sich auf Twitter eine entsprechende Timeline zusammenzustellen.

Ein guter Start bei Twitter

1. Suchen Sie sich für Ihre ersten Gehversuche auf Twitter am besten ein knappes Dutzend sog. Twitterati aus, denen Sie

folgen. Das sollten ein paar Kollegen sein, die schon auf Twitter sind, beispielsweise aus der Kommunikationsabteilung Ihres Unternehmens. Machen Sie dann jemanden ausfindig, der in Ihrer Branche wichtig ist, z. B. Chefredakteure oder Journalisten von Branchenmagazinen. Suchen Sie nach deren Twitter-Accounts auf der Homepage des jeweiligen Mediums oder geben Sie deren Namen ergänzt um das Stichwort »Twitter« einfach in Google ein. Vielleicht kennen Sie darüber hinaus noch jemanden in Ihrer Familie oder in Ihrem Freundeskreis, der sich mit Social Media etwas auskennt, der auf Twitter aktiv ist und dem Sie dort folgen können. Beachten Sie, dass Firmen-Accounts auf Twitter oft unpersönlich und damit langweilig sein können. Offizielle Verlautbarungen bekommen Sie auch über andere Kanäle. Versuchen Sie von Anfang an auf Twitter eher Menschen als Organisationen zu folgen. Vielleicht finden Sie ja einige der Mitarbeiter, die für ein Unternehmen arbeiten, auf Twitter.

2. Beobachten Sie dann Ihre Timeline, also die Abfolge der Tweets, und versuchen Sie, einzelne Tweets nicht nur inhaltlich, sondern auch formal zu verstehen – das eine geht oft ohne das andere nicht.

3. Wenn Sie sich wohlfühlen mit Twitter, fangen Sie an, selbst Inhalte zu veröffentlichen. Finden Sie dabei die richtige Balance zwischen privaten, allgemein interessierenden und beruflich relevanten Inhalten; das könnte etwa die Relation 20:30:50 sein. Damit bleiben Sie als Person interessant, ohne anonym zu wirken, geben gleichzeitig aber nicht zu

viel von sich preis. Scheuen Sie nicht vor der Öffentlichkeit zurück, auch wenn es am Anfang gewöhnungsbedürftig ist, dass jeder mitlesen kann, was Sie veröffentlichen. Das ist der Unterschied zu Facebook, wo Sie das Mitlesen nur Freunden, also Facebook-Mitgliedern, gestatten: Twitter kann jeder einsehen, also auch ein nicht angemeldeter Nutzer. Und Ihre Tweets werden auch von Google gefunden.

> Ein abgeschlossener Twitter-Account ist zwar auch möglich. Sie sollten darauf jedoch zum Start Ihrer Twitter-Aktivität verzichten. Wenn Sie diese Funktion eingeschaltet haben, kann niemand Ihre Tweets lesen und dann kann sich auch niemand für Sie interessieren.

Das @-Symbol

Das @-Symbol wird dem Nutzernamen vorangestellt. So erfahren Nutzer, wer sie erwähnt hat. Twitter dient vor allem dazu, Inhalte und Links weiterzuverbreiten. Das geht am einfachsten, wenn man Tweets anderer Nutzer an die eigenen Follower weiterleitet. Man nennt sie ReTweets, abgekürzt oft mit RT. Ob es sich um einen ReTweet handelt, ist mittlerweile häufig nicht mehr sichtbar, weil Twitter-Anwendungen automatisch den weitergeleiteten Tweet anhängen. Für interessante Hinweise sollte man sich aber immer indirekt bedanken, indem man seine Quelle erwähnt.

Wird man per @ auf Twitter direkt adressiert, bekommt man eine spezielle Nachricht. So erfährt man umgehend, wer einen erwähnt hat. Man kann dann direkt reagieren, sich beispielsweise für einen ReTweet bedanken. So können auf Twitter öffentliche Unterhaltungen entstehen.

Oft ist es auch so, dass Sie die erwähnte Quelle in ihre Timeline aufnimmt, Ihnen also »folgt«. Auf ein automatisiertes Zurückfolgen sollte man allerdings verzichten. Überhaupt sollte man mit Automatismen in Social-Media-Accounts nur zurückhaltend verfahren. Sehr schnell merken die Nutzer, wer versucht, seine Tweets und Timeline im Hinblick auf größere Aufmerksamkeit zu optimieren. Dabei werden oft die Inhalte in den Hintergrund gedrängt. Daher mein Tipp: Folgen Sie nur demjenigen, dem Sie auch wirklich gezielt folgen wollen.

Zeichen sparen mit Hashtags:

Das »Zaun«-Symbol #, das Hashtag, wird verwendet, um einfacher nach Themen suchen zu können. Hashtags werden auf Twitter beispielsweise eingesetzt, um Tweets zu bestimmten Events zu kennzeichnen. #cebit etwa steht für die Computermesse CeBIT in Hannover.

Mittlerweile ist das Hashtag fast zum Alltagssymbol geworden und wird oft in der Werbung eingesetzt. Auch Facebook kennt mittlerweile Hashtags, die allerdings in keiner direkten technischen Verbindung zu denjenigen auf Twitter stehen.

Veranstalter sind mittlerweile dazu übergegangen, das richtige Hashtag im Vorfeld ihres Events selbst zu propagieren. So vermeiden sie, dass die Veranstaltung unter verschiedenen Begriffen erwähnt wird. Und sie erleichtern Nutzern so die Suche nach Veröffentlichungen zu ihrem Event.

BEISPIEL

> Die Freizeitmesse »free« in München tat sich mit einem Hashtag schwer: »free« alleine ist in einem vornehmlich Englisch dominierten Netzwerk nicht eindeutig und vielfach in Gebrauch. Der Veranstalter entschied sich deshalb offenbar für das Hashtag #freemesse. Diese Kombination aus einem geläufigen englischen Begriff und einem deutschen Wort dürfte weltweit einzigartig sein. Da der Begriff aber nicht selbstdefinierend ist, muss er im Umfeld der Messe aktiv beworben werden.

Weitere Möglichkeiten, Zeichen zu sparen

Für Links auf Twitter empfehlen sich, ebenfalls um Zeichen zu sparen, sog. Linkverkürzer. Der bekannteste Dienst dafür ist bitly. Twitter selbst betreibt auch einen, damit lange Web-Links (URLs) nicht zu viele der 140 Zeichen verbrauchen. bitly hat den Vorteil, dass Sie sich dort registrieren können. Sie können dann selbst das Linkkürzel bestimmen und erhalten darüber hinaus noch Statistiken, wie etwa Abrufzahlen der Links.

Ebenfalls um Zeichen einzusparen, wird oft auf Satzzeichen verzichtet. Auch einzelne sich selbst erklärende Worte werden abgekürzt, wie »u« für »und« und »v« für »von«. Manche Autoren setzen, um ihre Nachrichten zu verlängern, mehrteilige Tweets ab, die beispielsweise durch 1/3, 2/3, 3/3 gekennzeichnet sind.

Allerdings sollten Sie beim Schreiben eines Tweets darauf achten, dass der Text nicht nur lesbar, sondern auch schnell erfassbar bleibt. Sobald man mal mehreren Dutzend Twitterati folgt, kann die Twitter-Timeline schnell unübersichtlich werden. Da möchte man nicht lange Kürzel und Symbole entschlüsseln müssen.

Listen sorgen für Übersicht und Ordnung

Der nicht enden wollende Nachrichtenfluss von Twitter kann einen schnell überfordern. Das gilt insbesondere, wenn Sie auch Twitterati aus anderen Zeitzonen folgen. Dann erhalten Sie quasi rund um die Uhr Meldungen. Auch zu bestimmten Veranstaltungen kann die Flut der Tweets deutlich ansteigen; das können Branchenevents, aber auch bedeutende Sport- oder politische Ereignisse sein. Vermeiden Sie den Anfängerfehler zu versuchen, Twitter »nachzulesen«. Im Prinzip ist Twitter ein flüchtiges Echtzeit-Medium, da allein die Menge der hereinströmenden Informationen es nicht erlaubt, Tweets nachträglich zu lesen.

Sortieren Sie die Personen, denen Sie folgen, in Listen. Diese Möglichkeit ist eine hilfreiche, oft übersehene Funktion von Twitter.

BEISPIEL

Sie können damit etwa zwischen Verkehrsmeldungen, Branchennews und wichtigen Kollegeninfos trennen. Ein Blick auf die Liste mit Verkehrsmeldungen zeigt Ihnen, was auf den Straßen oder Schienen los ist. Wenn Sie die wichtigsten Infos aus der Branche sehen wollen, reicht ein Klick auf die dafür angelegte Liste.

Sie können Twitterati Listen hinzufügen und damit beispielsweise eine zusätzliche Liste mit den für Sie wichtigsten Nutzern anlegen; bei knapper Zeit reicht so alle paar Stunden ein Blick auf die »Wichtig-Liste«. So spart man es sich auch, seine umfangreiche Timeline rückwärts zu durchforsten. Für aktuelle Themen pflegt die Deutsche Presseagentur Twitter-Listen, auf denen Twitter-Quellen gelistet sind.

Ausschnitt aus den Twitter-Listen der Deutschen Presseagentur

Bedenken Sie beim Einrichten von Twitter-Listen: Jeder Twitterati, den Sie einer öffentlichen Liste hinzufügen, bekommt dies mitgeteilt. Das ist einerseits gut für die Reputation, weil Sie dann erfahren, wenn Sie jemand wichtig findet. Ihre Listen sind jedoch auch für alle in Ihrem Twitter-Profil sichtbar. Daher sollten Sie keine öffentlichen Listen mit despektierlichen Namen wie »Unwichtig« führen.

Sie können auch nicht-öffentliche Listen anlegen, über deren Zuordnung Nutzer nicht benachrichtigt werden. Wenn Sie an Ihrer beruflichen Reputation arbeiten wollen, sollten Sie sich allerdings für Fachthemen öffentliche Listen anlegen, damit Ihr Netzwerk sichtbar wird.

Auch auf Twitter gilt: Sorgfalt vor Schnelligkeit

Besonders bei überraschenden Ereignissen mit vielen neuen Wendungen, so z. B. bei plötzlichen Börsenkursabstürzen oder Naturkatastrophen, ist Twitter hilfreich, um andere möglichst schnell darüber informieren zu können. Allerdings müssen Sie sich immer vor Augen halten, dass Sie, anders beispielsweise als bei einer Zeitung oder einem Rundfunksender mit einer festangestellten Redaktion, die Informationsquelle meistens nicht kennen. Wenn Sie durch einen Tweet auf ein Ereignis aufmerksam gemacht werden, leiten Sie die Meldung daher nicht gleich weiter, nur, weil Sie sich damit die Aufmerksamkeit des Ersten verschaffen wollen. Versuchen Sie, die Nachricht zunächst zu verifizieren. Prüfen Sie beispielsweise den Absender und versuchen Sie eine zweite Quelle, vielleicht ein etabliertes Nachrichtenmedium oder einen Journalisten zu finden, der diese Nachricht bestätigt. Wenn Sie sich unsicher sind, warten Sie lieber und spüren Sie weitere Belegen für die Richtigkeit einer Meldung auf. Meistens reichen schon ein oder zwei Abfragen bei Google, um festzustellen, ob eine Meldung der Wahrheit entspricht.

Präsentieren mit Slideshare

Auch wenn aktuelle Nachrichten und schnelle Informationen oftmals im Vordergrund von sozialen Netzwerken stehen, sollten Sie die Plattformen als Mittel zur langfristigen und nachhaltigen Kontaktpflege und für den Austausch unter Fachkollegen nicht unterschätzen. Sie beobachten dort schnell und einfach, mit welchen Themen sich andere beschäftigen, auf welchen Veranstaltungen sie unterwegs sind und mit welchen anderen Branchenexperten sie sich austauschen.

Ein weiteres wichtiges Medium zum Austausch von Wissen im Informationszeitalter ist, man mag es mögen oder nicht, die Präsentation. Präsentationen liegen meistens im Power-Point-Format vor oder werden als PDF gespeichert. Präsentationen dieser Art zählen zu den am häufigsten genutzten Vortragsformaten auf Veranstaltungen, nicht nur in firmeninternen Besprechungen. Und genau das macht eine Plattform wie Slideshare (http://de.slideshare.net) so interessant. Dieser sog. Filehosting-Dienst gehört mittlerweile zum Business-Netzwerk LinkedIn, hat aber immer noch ein relativ eigenständiges Portal. Sie können dort Präsentationen und andere Dokumente hochladen und sie mit anderen teilen. Diese können die Dokumente dann eigenen Sammlungen zuordnen, bewerten und wiederum mit anderen teilen (sharen). Auch Präsentationssammlungen können Sie veröffentlichen. So lässt sich etwa Wissen zu einem bestimmten Themengebiet zusammenstellen und publik machen. Das ist eine Form von Service im Social Web, der stark zu Ihrer Reputation beitragen kann. Wie so oft, gilt auch hier: Qualität geht vor Quantität: Es geht nicht darum, möglichst viele Dokumente zu einem Thema zu sammeln. Sie sollten auch ein gewisses Anspruchsniveau garantieren. Findet man bei Ihnen nur nichtssagende oder unverständliche Präsentationen, trägt das nicht zu Ihrem guten Ruf im Netz bei.

Wenn Sie selbst Dokumente auf Slideshare veröffentlichen wollen, duplizieren Sie nicht einfach die vorhandenen Angebote Ihres Unternehmens. Es ist nicht sinnvoll, alle Produktdatenblätter noch einmal auf Slideshare zu hinterlegen, wenn sie auf der Homepage Ihrer Firma sowieso zur Verfügung stehen. Wählen Sie die Inhalte gezielt und vielleicht auch anlassbezogen aus. Das Teilen dieser Dokumente kann aufgrund der Nähe zu LinkedIn natürlich dort direkt erfolgen oder aber auch über andere soziale Netzwerke wie Facebook und Twitter. Wie es sich für ein echtes soziales Netzwerk gehört, erhalten Sie nicht nur einen Link zum Teilen, sondern auch Code-Schnipsel, mit denen Sie Präsentationen in Ihre Webseite oder Ihren Blog einbauen, also embedden, können. Die Präsentation kann dann sogar direkt auf Ihrer Webseite angesehen und umgeblättert werden. Besucher bleiben damit auf Ihrer Website und springen nicht weiter zu einer andern.

Natürlich haben Sie auch die Möglichkeit, eine fremde Präsentation oder ein anderes Dokument direkt auf dem Slideshare-

Portal zu kommentieren und so in Interaktion mit dem Autor und anderen Nutzern von LinkedIn zu treten. Denken Sie also auch an Slidehare, wenn es um Ihre persönliche Reputation im Social Web geht. Nutzen Sie die Plattform, wenn Sie etwa einen öffentlichen oder halböffentlichen Auftritt hatten und bieten Sie dort Ihre Präsentation zum Nachlesen an. Geben Sie Ihren Zuhörern damit aktiv die Möglichkeit, sich mit Ihnen zu vernetzen und Ihren Auftritt zu kommentieren. So erweitern Sie Ihr Netzwerk und Ihre Sichtbarkeit.

Standortbezogene Dienste

Standortbezogene Dienste, im Englischen auch Location Based Services, kurz LBS genannt, haben im deutschsprachigen Raum nie hohe Popularität erreicht. Vielleicht liegt der Grund dafür ja in der hierzulande vorherrschenden Sensibilität in puncto Datenschutz. Viele möchten ihren Standort einfach nicht preisgeben. Standortdienste sollen hier trotzdem nicht unerwähnt bleiben, weil davon auszugehen ist, dass der Mix aus der Funktionsvielfalt des Smartphones in Verbindung mit den Standortdaten des Anwenders immer mehr zusätzliche Services hervorbringt, die nützlich sind. Individuelle Angebote direkt auf dem Smartphone, wenn Sie sich im WLAN eines Geschäfts anmelden sind keine bloße Vision mehr. Solche Services werden bereits konkret umgesetzt.

In Social Media werden die standortbezogenen Dienste hauptsächlich dafür genutzt, schnell und einfach Empfehlungen aufrufen zu können. Mit einem Klick auf den Standort in Facebook bekommt man Restaurant-, Veranstaltungs- und Sightseeing-Tipps. Das hilft oft an einem fremden Ort ein bisschen weiter, so z. B. wenn man kurzfristig und unvorbereitet Essen gehen will. Andere Dienste wie yelp sind darauf sogar spezialisiert. Im weitesten Sinne handelt es sich bei solchen Diensten auch um soziale Plattformen, denn hier können Nutzer Bewertungen anderer wiederum bewerten und sich mit anderen vernetzen und die Bewertungen teilen.

Darüber hinaus lassen sich besuchte Orte, ähnlich einer Reiseroute, dokumentieren. Zusatz-Apps, etwa für Instagram, zeigen Ihnen und anderen Nutzern an, wo Sie überall Bilder gemacht haben, wenn Sie Ihren Standort beim Hochladen von Instagram-Bildern mitangeben. Es gibt sogar Apps, die auf Google Maps live die neuesten Bilder anzeigen.

Der spielerische Ansatz: Wettbewerb mit Swarm

Eine bei Insidern beliebte Plattform, die es aber nie aus der Nische herausgeschafft hat, ist Swarm (früher: Foursquare). Hier wird nach dem spielerischen Ansatz, den man auch Gamification nennt, versucht, einen Wettbewerb zwischen den Teilnehmern auf der Plattform zu inszenieren. Dabei geht es darum, wer die meisten Punkte für verschiedene Orte erhält (https://www.swarmapp.com). Leider nicht ganz von außen durchschaubar, werden Punkte vergeben, und einmal wöchentlich wird ermittelt, wer in der Rangliste der Freunde vorne liegt.

Wenn man häufig auf Swarm an einem Platz eincheckt, hat man die Chance, dort virtueller Bürgermeister zu werden. Die spielerischen Komponenten sollen die Teilnehmer dazu anhalten, möglichst oft einzuchecken. Einige ganz reale Unternehmen haben sich sogar an diesem Spiel beteiligt: So bekam man beim Einchecken in ein Sportgeschäft ein T-Shirt geschenkt oder ein Hotel spendierte einen Drink an der Bar. Mittlerweile sind solche Aktionen bei Swarm im deutschsprachigen Raum jedoch selten geworden.

Wer sein Engagement für Social Media nach außen demonstrieren will, kann Swarm durchaus positiv für sich nutzen. So kann man damit etwa zeigen, wie oft man in einer Firma eincheckt. An größeren Unternehmensstandorten ist es auch denkbar, dass ein Wettbewerb unter Mitarbeitern entsteht – vielleicht kann man so andere Social-Media-Begeisterte in seinem Unternehmen finden. Außerdem wird die Firmenzugehörigkeit nach außen sichtbar, denn das Einchecken auf Swarm kann man wiederum auf anderen sozialen Kanälen wie Facebook und Twitter teilen. Praktisch ist Swarm beispielsweise auch auf Veranstaltungen, weil man damit auf einen Blick erkennen kann, wer von seinen Freunden noch dort eingecheckt hat.

Denken Sie bei Swarm oder anderen standortbezogenen Diensten daran, dass nicht jeder Ort, an dem Sie sich aufhalten, sichtbar werden sollte. Stellen Sie sich vor, Sie besuchen als Vertreter ein Unternehmen, bei dem eine Ausschreibung läuft. Sollten Sie dort einchecken und Ihnen dabei Angestellte des

Mitbewerbers folgen, ist die Konkurrenz sofort darüber informiert, dass Sie auch am Wettbewerb teilnehmen. Es gilt im beruflichen Umfeld also kurz darüber nachzudenken, ob es im Moment sinnvoll ist, dass Sie jeder lokalisieren kann.

Sonderfall Snapchat

Snapchat funktioniert nicht so sehr wie ein soziales Netzwerk, sondern eher wie eine geschlossene Gruppe in Facebook oder WhatsApp. Man muss die Profilnamen der Freunde genau kennen, um ihnen zu folgen. Und derjenige, dem man folgen will, muss das zudem akzeptieren. Die Inhalte – Chats oder aufeinanderfolgende Filmsequenzen von zehn Sekunden Dauer –, die mit Snapchat möglich sind, sind flüchtig. Das heißt: Sie sind in der Regel entweder nach dreimaligem Abruf oder nach 24 Stunden nicht mehr verfügbar. Die Möglichkeit, die gesammelten Filmhappen, auch Stories genannt, herunterzuladen, gibt es nur für den Autor, nicht aber für seine Freunde. Ein Verlinken oder gar Einbetten der Inhalte, bisher eines der Wesensmerkmale des Social Web, ist in Snapchat unmöglich.

Es ist davon auszugehen, dass Plattformen für die Ad-hoc- und flüchtige Kommunikation als Gegenpol zu Facebook, Twitter und Blogs zunehmen. Für den beruflichen Einsatz und die Arbeit an der eigenen Reputation dürften sie allerdings nur eine geringe Rolle spielen.

Allerdings lässt sich die Teilnahme an einer Veranstaltung auf Snapchat gut und quasi in Echtzeit dokumentieren. Vielleicht erhalten Ihre Kontakte so einen spannenden Eindruck von dem Event aus Ihrer Perspektive. Später wird Ihre kleine Reportage allerdings nicht mehr aufzufinden sein, sofern Sie sie nicht selbst heruntergeladen und auf YouTube gestellt haben. Ist das nicht geschehen, ist sie für den nachhaltigen Reputations-Aufbau ziemlich wertlos – außer Sie erzählen Ihren Kontakten fortwährend Geschichten via Snapchat. Darüber hinaus machen die in Snapchat enthaltenen Funktionen wie Masken, Stempel und Schriften den halbwegs seriösen Gebrauch im Geschäftsumfeld schwierig. Für Unternehmen, die sich in ihrer Werbung an jugendliche Konsumenten richten, wird es genaue deswegen jedoch zum interessanten Kommunikationsmittel. Gleiches gilt für Firmen, die sich für Jugendliche und junge Bewerber interessant machen wollen.

Spannend wird es sein zu sehen, wie sich Snapchat weiterentwickelt, ob zukünftige Funktionen nicht doch noch für Geschäftsleute interessant werden und ob eventuell Konkurrenten auf den Markt kommen, die den Spagat zwischen der flüchtigen Publikation an Freunde und dem dauerhaften Social Web besser hinbekommen.

Auch das ist Social Media

Das Internet und seine Ausprägung als Social Web haben eine enorme Vielfalt von Diensten, Dienstleistungen und Produkten hervorgebracht, die auf dem Zusammenspiel von Nutzern auf einer Plattform beruhen. Die Grundidee dahinter ist, viele Leute zusammenzubringen, die das gleiche Interesse eint bzw. die auf der Plattform ihre unterschiedlichen Interessen in Übereinstimmung bringen können.

Vermittlungsplattformen: der eine braucht`s – der andere hat`s

BEISPIEL

Eines der prominentesten Beispiele dafür ist der Fahrdienst Uber. Er bringt Autofahrer, die einen Platz frei haben, zusammen mit Menschen, die eine Fahrt benötigen. Organisiert wird das Ganze über eine Plattform im Internet, am Smartphone via App. Das System kontrolliert sich quasi durch Bewertungsmechanismen für Nutzer und Anbieter von selbst. Fahrer, die schlecht bewertet werden, bekommen keine Fahrgäste mehr, und Fahrgäste, die eine schlechte Bewertung erhalten, werden nicht mehr transportiert.

Vergleichbar funktioniert das Angebot von Airbnb, bei dem freie Privatzimmer über eine Internet-Plattform vermittelt werden.

Das Geschäft für den Plattform-Betreiber liegt in der Vermittlungsprovision. Uber und Airbnb funktionieren übrigens so gut, dass sie heute als Paradebeispiele für die sog. Digitale Transformation, wie der rasante Wandel in Wirtschaft und Gesellschaft durch Computer und Internet genannt wird, gelten. Uber bedroht, zumindest in vielen Teilen der Welt, das klassische Taxigeschäft (in Deutschland ist das Taxigewerbe reguliert, deshalb darf hier nicht jeder mit Personentransporten Geld verdienen). Und Airbnb macht Reisebüros und Hotel-Portalen das

Geschäft streitig. Findige Wohnungseigentümer haben daraus mittlerweile ein Geschäftsmodell gemacht – was aber auch die Behörden auf den Plan ruft. In Berlin beispielsweise muss die gewerbliche Vermietung als Ferienwohnung jetzt angemeldet und genehmigt werden.

Risikokapital von der Masse: Crowdfunding

Ein ähnliches Phänomen, das nach dem gleichen Prinzip funktioniert und auch für Unternehmen jeder Größe interessant sein kann, ist Crowdfunding: Menschen oder Firmen, die z.B. eine Produktidee haben, können über diese Plattformen ihre Idee bewerben und Geld von Interessenten einsammeln, welche die Idee gut finden und unterstützen wollen. Das Besondere daran ist, dass jeder mit geringen Beträgen, unter Umständen unabhängig von den Kosten des Produkts, mitmachen kann. Jeder, der das geplante Produkt gut findet, kann damit zum Investor werden. Der Umweg über eine Bank oder einen Risikokapitalfonds ist nicht mehr notwendig. Erst durch das Internet ist es damit Erfindern und Unternehmen möglich geworden, eine große Menge an Interessenten auf einfachem Wege direkt zu erreichen. Die Verbreitung von Crowdfunding-Ideen geschieht vielfach nur über Social Media. Links auf die sog. Kampagne sind einfach zu verbreiten, die üblichen Knöpfe zum Teilen in den Social-Media-Kanälen bieten alle Plattformen an.

War Crowdfunding zu Beginn nur eine Sache von Tüftlern und Bastlern, wird nun auch für viele andere Projekte, z.B. aus dem

Bereich Umweltschutz, Medien, Design, Mode, über das Internet Geld eingesammelt. Mittlerweile gibt es auch schon Crowdfunding-Plattformen, die sich auf bestimmte Branchen konzentrieren, die z. B. Konzerte, Medienprojekte oder Spieleentwickler im Fokus haben. Oftmals sind es engagierte Privatleute, die ihre Geschäftsidee damit finanzieren wollen oder neuen Anschub für ein bestehendes Geschäft erwarten. Ebenfalls wird Crowdfunding auch für viele wohltätige Projekte betrieben, deren Organisatoren sich über eine Online-Plattform leichter tun, für Spenden zu trommeln, als über eine teure Offline-Kampagne etwa per Briefpost.

Auch interessant für Unternehmen
Ein Blick auf die verschiedenen Plattformen wie Startnext, der ersten deutschen Crowdfunding-Plattform, oder Kickstarter, eine der bekanntesten aus den USA, zeigt, dass sich mittlerweile auch viele etablierte Firmen auf den Crowdfunding-Plattformen bewegen. Unternehmen sowie deren Forschungs- und Entwicklungsabteilungen sollten Crowdfunding als Feedback-Methode für neue Erfindungen und Ideen nicht unterschätzen. Denn nie war es so einfach und günstig, die Meinungen von so vielen Menschen einzuholen. War es früher notwendig, einen Prototyp zu bauen und Leute in ein Labor einzuladen, um Feedback zu bekommen, lässt sich das heute via Internet am Desktop und Smartphone erledigen. Mittels 3D-Animationen lassen sich perfekte virtuelle Prototypen bauen, die dann meistens in attraktive Videos integriert werden. Damit wird die Neugier von potenziellen Investoren geweckt. Zudem lassen sich auf Pro-

jektseiten der Plattformen das Unternehmen und die Teams, die hinter den Ideen stehen, darstellen. Damit ist Crowdfunding nicht nur eine Finanzierungschance für Gründer, Erfinder und Kreative, sondern auch ein Feedback- und Marketing-Tool für Unternehmen. Je nach Projekt laufen Dutzende, wenn nicht gar Hunderte von Kommentaren auf, sobald eine neue Idee vorgestellt wird. Potenzielle Nutzer und Interessenten liefern also schon im Vorfeld wertvolles Feedback, das noch in die Produktentwicklung einfließen kann.

BEISPIELE

Beispiel 1: Wie viele Medienunternehmen, kämpft auch die Süddeutsche Zeitung (SZ) darum, ihre Leserschaft trotz des Internets zu behalten. Auch wenn das Blatt mit einer Auflage von über 382.000 Exemplaren rund 1,1 Millionen Leser erreicht, sind neue Wege notwendig, um mit dem Wandel der Leserschaft und ihren Vorlieben mitzugehen. Obwohl der Süddeutsche Verlag, in dem die SZ erscheint, ein großes Medienhaus mit knapp 4.000 Mitarbeitern ist und zur Südwestdeutschen Medienholding mit knapp einer Milliarde Euro Umsatz gehört, startete die Zeitung Anfang 2015 deshalb ein Crowdfunding-Projekt. Unter maßgeblicher Leitung des jungen Journalisten Dirk von Gehlen wurde das Projekt »Langstrecke« entwickelt: ein gedrucktes Buch, das die längsten Geschichten aus der Süddeutschen Zeitung vierteljährlich bündeln soll. Bei dem Crowdfunding-Projekt ging es laut Aussage des Projektleiters von Gehlen darum zu testen, ob es überhaupt eine Leserschaft für das Buch gibt. Die Finanzierung stand dabei nicht im Vordergrund. Es handelte sich also quasi um den Live-Test eines neuen Produkts, maßgeblich angetrieben und in Social Media begleitet von einem Mitarbeiter.

Suchbegriffe: Süddeutsche Zeitung, Langstrecke, Crowdfunding

Beispiel 2: Der Autohersteller BMW hat aus einem kleinen Innovationsteam heraus einen Wettbewerb zur App-Entwicklung mit der Plattform Startnext ausgerufen. Auch dabei ging es weniger um die Finanzierung der Entwicklung, sondern vielmehr darum, die Prinzipien des

Crowdfunding auf einen Ideenwettbewerb zu übertragen. Eingeladen wurden findige Köpfe, um sich Gedanken über neue Mobility-Apps zu machen. Ideen, die von einer Jury für gut befunden wurden, wurden öffentlich auf Startnext präsentiert. In sie konnte mit virtuellem Geld investiert werden; damit wurde ein typischer Crowdfunding-Prozess zur Auswahl des am meisten interessierenden Projekts miteingeschlossen. Aus den zehn Ideen, die am meisten Geld erhalten hatten, wählte eine Jury von BMW schließlich drei Gewinner aus. Dieses zunächst kompliziert erscheinende Vorgehen zeigt, wie sich selbst international aufgestellte Großkonzerne die Macht der Crowd zunutze machen können. Aus dem Innovationsteam von BMW standen zwei Mitarbeiter mit ihrem Namen und ihren Fotos in Startnext, um die in Social Media übliche Personalisierung zu erzielen.

Suchbegriffe: BMW, Startnext, Crowdfunding

Wenn Sie in einer Forschungs- und Entwicklungsabteilung, in einem handwerklich geprägten oder kreativen Betrieb arbeiten, informieren Sie sich unbedingt über Crowdfunding. Achten Sie aber darauf, dass Sie dies immer im Einklang mit Ihrem Arbeitsvertrag und Ihren Unternehmensrichtlinien tun. Starten Sie keine Crowdfunding-Kampagne für Ihr Unternehmen im Alleingang.

Hackathon: für echte Nerds mit Ausdauer

Nicht ganz so eng mit Social Media verbunden, aber ebenfalls durch die einziehende Kultur von Offenheit und Transparenz im Social Web befeuert, sind sog. Hackathons. Das Wort ist eine Schöpfung aus dem englischen Begriff »hacken« und aus »Marathon«. Hacken steht dabei für eine positive Art des Lösens einer Aufgabe, nicht für das kriminelle Knacken von Programmen.

Marathon steht für die begrenzte, aber lange Zeit, in der diese Arbeit erbracht wird.

Bei einem Hackathon lädt ein Unternehmen Externe ein, interne Ressourcen, Technologien und Werkzeuge zu nutzen, um neue Produkte und Anwendungen zu entwickeln. Bedingt durch die öffentliche Einladung und Kommunikation zu Hackathons findet sich zu diesen Veranstaltungen oft auch ein Personenkreis ein, der viel über Social Media kommuniziert, vor allem wenn es um IT- oder Web-Technologien geht. Diese Tatsache machen sich Unternehmen mittlerweile zunutze, um neue Zielgruppen in sozialen Medien anzusprechen und die Öffentlichkeit in digitalen Medien zu erreichen.

Überlegen Sie, ob es nicht in Ihrem Unternehmen auch Anlass für einen Hackathon geben könnte. Dabei muss es nicht immer nur um Technologie und Elektronik gehen. Auch andere kreative und handwerkliche Aufgaben können auf diesem Wege unkonventionell gelöst werden. Für Sie als Mitarbeiter kann die Teilnahme oder Mithilfe bei der Organisation eines Hackathons hilfreich für Ihre Reichweite und Reputation in Social Media sein. Vermutlich wird darüber hinaus eine Zusammenarbeit über verschiedene Abteilungen hinweg (Forschungsabteilung, Unternehmenskommunikation, Entwicklung, Marketing usw.) notwendig, so dass Sie damit auch innerhalb des Unternehmens Ihre Bekanntheit und Reputation steigern. Erinnern Sie sich daran, wenn Sie schwierige Überzeugungsarbeit leisten müssen.

> Beachten Sie unbedingt, dass auch kreative Leistungen dem Urheberrecht unterliegen; klären Sie also vorab am besten mit der Rechtsabteilung Ihres Unternehmens, wie bei einem Hackathon gefundene Ideen und Lösungen weiterverwertet werden können, ohne die Urheberrechte der Ideengeber zu verletzen.

Für Unternehmen liegt der Reiz von Hackathons darin, außerhalb der bestehenden Unternehmensstrukturen und Prozesse Ergebnisse zu erreichen und Ideen zu kreieren, die so auf dem üblichen Wege nicht oder nur schwierig zu erzielen gewesen wären. Durch ihre Dauer, meistens ein bis sieben Tage, manchmal 24 Stunden rund um die Uhr, kann konzentriert und fokussiert und ohne administrative Beschränkungen gearbeitet werden. Zudem kommen damit meist junge engagierte Leute, also potenzielle neue Arbeitskräfte, in Kontakt mit dem veranstaltenden Unternehmen.

BEISPIEL

Der Automobilzulieferer Bosch richtete einen Hackathon aus, zu dem 30 Software-Entwickler eingeladen waren. Sie sollten an einem Wochenende neue Apps für Smartphones entwickeln, die über die von Bosch bereitgestellte Schnittstelle in Fahrzeugen genutzt werden können. Das Stuttgarter Unternehmen Bosch mietete für den Hackathon ein cooles Loft in Berlin an, vermutlich auch deswegen, um näher an der Berliner App-Entwicklerszene zu sein. Die Teilnehmer erhielten Zugang zu Bosch-Software, außerdem stand ein Auto bereit, an dessen Display getestet werden konnte, wie die App funktioniert. Selbstverständlich waren auch kompetente Mitarbeiter von Bosch vor Ort, um den Entwicklern mit Rat und Tat zur Seite zu stehen. Bei diesem sehr professionellen Ansatz waren nicht nur Einzelkämpfer zugegen, sondern auch kleine Start-ups, die ihre Kompetenz unter Beweis stellen wollten und Kontakt zur einem etablierten Großunternehmen suchten.

Suchbegriffe: Bosch, Hackathon 2014

Offline-Treffen der Social-Media-Community

Wenn Sie sich in Social Media engagieren wollen, denken Sie darüber nach, ob Sie nicht auch Zeit im echten Leben dafür aufbringen wollen. Finden Sie, vielleicht unabhängig von Ihrer Branche, Gleichgesinnte, mit denen Sie sich regelmäßig treffen und austauschen können. Nutzen Sie auch dafür wieder das Social Web und das Internet. Finden Sie Veranstaltungen, auf denen sich Social-Media-Begeisterte treffen. Etabliert und vielfach von namhaften Sponsoren unterstützt ist beispielsweise der Social Media Club. In einigen Großstädten Deutschlands gibt es Regionalgruppen, die ungefähr vier- bis sechsmal pro Jahr zu themenorientierten Treffen einladen. Hier geht es einerseits um einen themenorientierten Austausch, andererseits spielen dabei aber auch Social-Media-Aktivitäten im weitesten Sinne immer eine Rolle. Sie treffen in solchen Gruppen in jedem Fall auf viel Know-how und Zeit für den Erfahrungsaustausch.

BEISPIEL

Reichweite deutlich über Stuttgart hinaus hat die Mercedes-Benz Social Media Night. Der Autohersteller stellt sein Museum für den Stuttgarter Social Media Club zur Verfügung, wo sich regelmäßig rund 200 Interessierte über verschiedene Social-Media-Themen informieren und austauschen. Über Livestream und das Hashtag #MBSMN verfolgen auch Interessierte via Internet die Veranstaltung.

Der Münchener Social Media Club ist dagegen berühmt für sein traditionelles Bloggertreffen. Dabei handelt es sich um eine informelle und inoffizielle Networking-Veranstaltung am Vorabend der Burda Digital Lifestyle Days, die jährlich im Januar in München stattfinden.

Sogenannte Chapters des Social Media Club in Deutschland finden Sie derzeit in folgenden Städten: Düsseldorf, Hamburg, Karlsruhe, München und Stuttgart.

Suchen Sie außerdem nach sog. Meetups. Das sind themenorientierte Treffen, die über das Internet organisiert werden. Über Meetup.com kann man sich registrieren und mit seinem bevorzugten Thema und Ort anmelden. Man wird dann per Mail darüber informiert, welche Gruppen dazu existieren und was sie planen.

Auch gibt es sog. Photowalks und Instawalks, bei denen sich Fotografen und/oder Instagram-Begeisterte treffen, um gemeinsam zu bestimmten Themen zu fotografieren. Teilweise finden solche Walks sogar am selben Datum an unterschiedlichen Orten weltweit statt. Über einen gemeinsamen Hashtag können die entstandenen Bilder dann gefunden werden.

Auch für Verlagsleute gibt es mittlerweile regelmäßige Treffen. Und natürlich organisieren sich auch Web-Entwickler, die Spiele-Community und andere eher computer- und technologielastige Interessierte untereinander. Und es gibt Bloggerstammtische.

Wenn Sie die Augen in Social Media offenhalten und bereits die ersten Kontakte geknüpft haben, werden Sie feststellen, wie viele Veranstaltungen hier mittlerweile organisiert werden. Wählen Sie die richtigen für sich aus. Entscheiden Sie dabei nicht nur nach rein beruflichen Interessen, damit Sie auch Impulse und Inspiration aus anderen Bereichen bekommen. Twittern, snapchatten und facebooken Sie von solchen Veranstaltungen. So folgen Ihnen vielleicht noch vor Ort neue Follower. Vergessen Sie hinterher nicht, sich mit Ihren neuen Kontakten via XING oder LinkedIn zu vernetzen und bloggen Sie darüber, falls Sie das Thema der Veranstaltung gefesselt hat und Sie weitere Gedanken dazu haben.

Überall und nirgends? Umgang mit neuen Plattformen

Wenn Sie aktiv im Social Web unterwegs sind, werden Sie im Schnitt alle sechs bis neun Monate mit einer neuen Plattform konfrontiert. Die sog. Early Adopters, also diejenigen, die jedes neue Angebot sofort ausprobieren, werden darüber im Web sprechen und andere werden diese News der Social-Media-Gurus sofort teilen, so dass auch Sie die Nachricht in Kürze erreichen sollte, wenn Sie sich eine entsprechende Timeline aufgebaut haben. Doch müssen Sie sich dann gleich auf der neuen Plattform anmelden? Hier lautet meine Antwort: nein. Müssen Sie sich mit der Plattform beschäftigen? Hier tendiere ich zu einem Ja. Vor allem, wenn Sie soziale Medien vornehmlich beruflich nutzen wollen, gibt es einige Kriterien, nach denen Sie entscheiden bzw. einschätzen können, ob eine neue Plattform für Sie interessant sein könnte.

1. **Schritt 1:** Wie wir bereits gesehen haben, bemisst sich die Eignung eines sozialen Netzwerkes für den beruflichen Einsatz vornehmlich danach, ob es über Funktionen verfügt, die Ihrer Reputation dienlich sind. Sie sollten sich bei Neuentwicklungen also zunächst immer die folgende Frage stellen: Wie komfortabel und einfach können Sie die Inhalte, die für Ihre berufliche Reputation im Netz wichtig sind, dort liken, teilen und veröffentlichen?

2. **Schritt 2:** In einem zweiten Schritt sollten Sie einschätzen, ob die zu erwartenden Inhalte der anderen Nutzer zu Ihrem beruflichen Umfeld passen.

BEISPIEL

Wenn Sie im Vertrieb in der Chemiebranche arbeiten, dürfte Snapchat für Sie uninteressant sein. Wenn Sie aber für das Marketing bei Coca-Cola zuständig sind, sollten Sie sich diese Anwendung wahrscheinlich näher ansehen.

Vermeiden Sie, sich ausschließlich auf eine einzige Plattform festzulegen und diese als für immer gesetzt anzusehen. Zwar sollte es so sein, dass Sie etwa auf XING und LinkedIn dauerhafte Präsenzen pflegen, dennoch sollten Ihre Neugier und Ihr Entdeckergeist soweit gehen, dass Sie gegenüber Neuem aufgeschlossen bleiben.

Wie bereits anfangs erwähnt, zeichnen sich das Internet und das Zeitalter der Digitalisierung dadurch aus, dass Dynamik und Innovationsgeschwindigkeit enorm sind. Deshalb sollten Sie auch nicht stehenbleiben, sondern mit der Zeit gehen und spielerisch und ohne längere Bindung Neues ausprobieren. Vielleicht entdecken Sie so doch hin und wieder mal eine Plattform, die für Ihr berufliches Weiterkommen nützlich sein kann.

Auf einen Blick: Welche Plattform ist die richtige für Sie?

- Es gibt unzählige Social-Media-Angebote. Viele von ihnen verschwinden wieder, andere werden zu Internet-Giganten. Überall präsent zu sein, ist schlicht nicht möglich und auch gar nicht ratsam.

- Ein Muss für diejenigen, die an ihrer beruflichen Reputation arbeiten wollen, sind die sozialen Business-Netzwerke. XING ist in Deutschland tonangebend. Sind Sie in Ihrem Job international unterwegs, bietet sich LinkedIn an.

- Facebook wird immer mehr für Job-Kontakte genutzt. Dank der Privatsphäre-Einstellungen lässt sich die Trennung zwischen Privatem und Beruflichem dort gut bewerkstelligen.

- Google+ konnte sich zwar als soziales Netzwerk nicht bei der breiten Masse durchsetzen. Ein Account dort hilft jedoch dabei, im Netz besser gefunden zu werden.

- Nirgendwo erhält man, bei entsprechend zusammengestellter Timeline, in kürzester Zeit so viele Hinweise auf gute Informationen wie bei Twitter, dem Kurznachrichtendienst.

- Neben diesen bekannten Angeboten gibt es noch zahlreiche andere Plattformen, die sich gut für Job-Zwecke eignen, z. B. Pinterest, Instagram und Slideshare zum Teilen von Medien wie Bildern, Filmen und Präsentationen.

Aktiv im Web mit fremden Inhalten

Das Schöne am Social Web: Wer dort beruflich aktiv werden will, muss nicht unbedingt selbst Inhalte kreieren. Oft reicht es schon, wenn Sie die Beiträge anderer teilen, kommentieren, zusammenfassen und gutheißen.

In diesem Kapitel erfahren Sie u. a.,

- warum ein Like nur wenig aussagt,
- wie Sie mit dem Teilen von Beiträgen an Ihrer Online-Reputation arbeiten,
- wie Sie Ihre Kompetenz im Job mit Online-Sammlungen und -Archiven beweisen.

Das Soziale an Social Media: der Austausch der Nutzer

Das Soziale an Social Media ist die Kommunikation der Nutzer untereinander. Im Gegensatz zu klassischen Medien, die eindimensional in eine Richtung »sendeten« und das auch weitgehend immer noch tun, gibt es in Social Media einen Rück- und Austauschkanal. Früher gab es nur ganz wenig Feedback zu Veröffentlichungen. So druckten Zeitungen mit einer halben Million Auflage pro Tag nicht einmal zehn Leserbriefe. Ein Austausch der Leser untereinander über die Leserbriefseite war nahezu undenkbar. Viel zu lange hätten die Reaktionsschleifen gedauert, das diskutierte Thema wäre dann gar nicht mehr aktuell gewesen. Im Zeitalter von Social Media ist es nun möglich, umgehend auf Veröffentlichungen zu reagieren, und zwar nicht nur auf solche etablierter klassischer Medien, sondern auch auf Beiträge von Einzelpersonen, Organisationen und Unternehmen.

Um das möglich zu machen, gibt es auf den Plattformen die Optionen, einen Beitrag zu liken, zu teilen, zu verlinken und einzubetten. In den folgenden Abschnitten werden wir uns die Prinzipien und Wirkungen der einzelnen Methoden etwas genauer ansehen, damit Sie sie im Social-Media-Alltag nicht nur richtig, sondern auch optimal einsetzen können.

Die schwächste Währung: Likes und Herzen

«Liken» ist ein neudeutsches Synonym für »I like«, was Facebook im deutschen Sprachraum übersetzt hat mit »Gefällt mir«. Einen Beitrag »zu liken«, also zu mögen, so die wortwörtliche Übersetzung aus dem Englischen, ist die schwächste Form der Rückmeldung im Social Web. Ein »Like« oder auf Instagram oder Twitter entsprechend ein Herz ist schnell vergeben und kostet außer einem Mausklick keinen Aufwand.

Likes können bei öffentlichen Beiträgen in den meisten Plattformen vergeben werden, ohne dass man der Quelle einer Veröffentlichung folgt. Wenn Sie Zeit haben, sollten Sie natürlich nachvollziehen, wer Sie geliked hat. Möglicherweise befindet sich ja ein interessanter Kontakt dahinter, dem Sie folgen könnten. Zumindest könnten Sie auf der gleichen Plattform ebenfalls ein Like für eine seiner Veröffentlichungen vergeben.

Denken Sie daran, dass die Motivation, ein Like für einen Beitrag zu geben, höchst unterschiedlich sein kann:

- Der Beitrag kann jemandem tatsächlich gut gefallen.

- Es kann aber auch sein, dass jemand die Like-Funktion als Merkhilfe nutzt, was etwa auf Twitter häufig geschieht. Da Likes dort gespeichert und gesondert angezeigt werden, bietet sich diese Vorgehensweise als Erinnerungsstütze an. Über die Zustimmung zu einem Tweet oder seine Bewertung ist damit aber noch nichts ausgesagt. Sie finden deshalb häufig in Twitter-Profilen auch den ausdrücklichen Hinweis darauf, dass Likes keine Zustimmung bedeuten. Mit dieser Einschränkung kann man sich auch Beiträge, mit denen man sich kritisch auseinandersetzt, merken, ohne der Nähe zum Inhalt verdächtig zu sein.

Das Like-Zeichen – hier ausnahmsweise als Keks

Üblicherweise werden Likes veröffentlicht und protokolliert: Wenn Sie einen Beitrag liken, erfährt es derjenige, der den Beitrag veröffentlicht hat. Auch Ihre Freunde und Follower können nachvollziehen, welche Beiträge Sie mit einem Herz oder einem nach oben gerichteten Daumen (auf Facebook), also einem Like, versehen haben. Bei Facebook hängt es allerdings stark von Ihren Privatsphäre-Einstellungen ab, wer Ihre Likes sehen kann.

Facebook hat Ende 2015 den hochgereckten Daumen des »Gefällt mir« um die Möglichkeit erweitert, auch sog. Emojis zu vergeben. Emojis sind Symbole, die Gefühlsäußerungen ausdrücken. Während Strichgesichter, die Emoticons, im Prinzip schon existieren seit es Tastaturen gibt, sind Emojis als schnelle Kurzreaktionen erst in Chat-Apps, wie z. B. WhatsApp, populär geworden. Facebook erhofft sich durch die neuen Emojis, dass die Nutzer öfter zu Reaktionen bewegt werden können, wenn man Gefühlsäußerungen durch entsprechende Symbole gezielter und schneller ausdrücken kann. Auf den »Dislike«-Knopf, einen Button mit einem nach unten gerichteten Daumen, wird man bei Facebook allerdings noch lange warten; negative Äußerungen möchte das soziale Netzwerk nicht unterstützen oder gar verstärken.

Die Reactions von Facebook

Weil Likes einfach und schnell zu setzen sind und weil sie die bereits erwähnte Doppelfunktion als Merkzeichen haben können, eignen sie sich nur bedingt zum Reputationsaufbau. Die Aussage, für die sie stehen, ist zu schwach und nicht eindeutig genug. Wenn Sie also jemanden über eine Reaktion auf sich aufmerksam machen wollen, reichen Likes, auch wenn Sie sie öfter mal anwenden, nicht aus.

Wertschätzung für Inhalte: Teilen

Wesentlich wertvoller als das Liken in Social Media ist das Teilen. Mit dem Teilen auf Facebook, Instagram oder Twitter (dort als ReTweet bekannt) machen Sie einen Beitrag, den Sie nicht selbst erzeugt haben, zu einem Teil Ihrer Status-Updates. In den Timelines von Ihren Freunden und Followern taucht ein geteilter Beitrag so auf, als ob er von Ihnen stammen würde. Auf Facebook können Sie über die von Ihnen definierten Privatsphäre-Einstellungen entscheiden, wer den Beitrag sehen soll.

Wenn Sie den Beitrag eines anderen an Ihre Freunde und Follower weiterteilen, muss er bei Ihnen auf besondere Resonanz gestoßen sein. Er muss für Sie besonders »wertvoll« oder wichtig gewesen sein. Für Ihre Freunde und Follower können Sie den Wert eines geteilten Beitrags nochmal erhöhen, indem Sie ihn zusätzlich kommentieren. Sie geben dann nicht nur den Originalbeitrag weiter, sondern fügen ihm noch eine eigene Anmerkung hinzu.

- Sie können eine Empfehlung aussprechen, so z. B., dass man einen Beitrag gelesen haben sollte, weil er bestimmte Trends gut beschreibt, oder ein Video angesehen haben sollte, weil es einen bestimmten Anwendungsfall gut illustriert.

- Wenn Ihnen ein guter, plakativer Satz in einem Text oder in einem Film aufgefallen ist, können Sie diesen als Zitat beim Teilen verwenden. Damit zeigen Sie auch, dass Sie den Beitrag wirklich angesehen oder gelesen haben.

Die ursprüngliche Quelle erhält natürlich auch einen Hinweis, wenn der Beitrag geteilt wurde. Sie wird auch immer mitangegeben und ist für Ihre Freunde und Follower sichtbar.

Reputationsaufbau mit der Teilen-Funktion

Es sollte natürlich Ihre Reputation unterstützen, wenn Sie einen Beitrag teilen. Vor allem im beruflichen Umfeld sollten Sie daher Fettnäpfchen vermeiden, die das Gegenteil bewirken können. Prüfen Sie daher genau, ob der Autor seriös und die Veröffentlichung aktuell ist und ob sie branchenüblichen Mindeststandards genügt.

Für den Reputationsaufbau eignet sich das Teilen, Retweeten oder Weiterleiten eines Beitrags aus zwei Gründen besonders:

1. Der Ursprungsautor erfährt, dass Sie seinen Beitrag so gut fanden, dass Sie ihn geteilt haben. Er wird dadurch auf Sie aufmerksam.

2. Sie können Sie sich in Ihrem beruflichen Umfeld einen Namen damit machen, dass Sie wertvolle Beiträge teilen.

Links: Verweise mit Folgen

Das Internet bzw. das World Wide Web definiert sich über Links. Die Möglichkeit, in Texten schnell per Mausklick auf andere Texte verweisen zu können, war eine der revolutionären Ideen der Internet-Erfinder. Heute ist es für uns selbstverständlich, dass wir über Hyperlinks zwischen Webseiten und verschiedenen Plattformen hin- und herspringen.

BEISPIEL

> Wir lesen in einem Online-Magazin einen Artikel über einen neuen Musikstar und werden per Link auf seine YouTube-Seite geschickt. Dort hat der Künstler seine Webseite im Profil verlinkt; ein Klick darauf und Sie sind auf seiner Homepage.

Links sind auch in allen Web-Plattformen das technische Werkzeug, um Inhalte aus dem Web zu teilen und weiterzuverbreiten. Nicht umsonst bezieht Google Links in die Bewertung einer Webseite mit ein: Seiten, die oft verlinkt werden, bewertet Google als die besseren. Sie rutschen damit bei den Suchergebnissen ganz nach oben. Eine gute, aber vielfach missbrauchte Methode, seinen Rang in den Suchergebnissen von Google zu verbessern, liegt also darin, Links auf die eigenen Seiten zu erhalten. Google ist aber mittlerweile relativ gut darin geworden, zu erkennen, ob die Links ernst gemeint sind oder ob sie nur geschaffen wurden, um den Rang nach oben zu schrauben.

BEISPIEL

> Einige Unternehmen versuchen durch weitere Webseiten, die mehr oder weniger offensichtlich ihnen selbst gehören, sich quasi selbst Links zu geben. Darauf reagiert Google mit empfindlichen Strafen, nämlich einer Rückstufung im Rang der Suchergebnisse.

Das Einbetten von Inhalten

Das Embedding, also das Einbetten von Videos oder Bildern anderer in die eigene Webpräsenz, beispielsweise einen Blog, ist mittlerweile denkbar einfach. Die meisten Plattformen, die solche Inhalte verbreiten, bieten die dafür notwendigen Programmcodes automatisch an. Sie müssen dann nur noch den Code in Ihren HTML-Code einfügen und schon wird das Bild oder der Film bei Ihnen angezeigt und kann innerhalb Ihrer Webpräsenz angesehen werden. Mit dem Programmcode liefert etwa YouTube auch die Abspielmöglichkeit, den sog. Player, mit: Er wird ebenfalls in Ihre Webpräsenz integriert. Der große Vorteil des Einbettens ist, dass die Leser auf Ihrer Seite bleiben und nicht auf eine andere Webseite geschickt werden, um die Inhalte dort zu konsumieren. Gäbe es diese Möglichkeit nicht, bestünde die Gefahr, dass sie nicht mehr auf Ihre Seite zurückkommen.

Für die Suchmaschine zählt das Embedding wohl wie ein Link, d. h., es verbessert Ihre Sichtbarkeit im Netz. Je häufiger Ihre Beiträge also bei anderen eingebettet werden, desto höher steigen Sie im Ranking der Suchmaschinen.

Sammlungen und Archive

Zwei Techniken, die sich bewährt haben, um in Social Media aufzufallen, ohne mit großem Aufwand eigene Inhalte erstellen zu müssen, sind das Aggregieren und das Kuratieren. Im weitesten Sinne lassen sich die Begriffe übersetzen mit Sammeln und Bewerten.

Werden Sie Aggregator

Das Sammeln, auch Aggregieren genannt, ist die etwas einfachere Variante. Hier geht es im Wesentlichen darum, Inhalte, die Sie im Internet zu einem bestimmten Thema gefunden haben, zentral an einer Stelle zusammenzuführen und für andere bereitzustellen. Das kann z.B. im eigenen Blog oder auf einer Webseite sein. Die Überschriften für derartige Sammlungen lauten häufig »Links der Kalenderwoche«, »Links zum Wochenende« oder »Links rund um die Veranstaltung«. In den entsprechenden Veröffentlichungen werden meistens eine übersichtliche Zahl Links aufgeführt und die dahinterstehenden Inhalte mit einem Satz noch näher beschrieben.

Für Ihre Leser leisten Sie damit einen guten Service, denn Sie nehmen ihnen damit die oft aufwendige Suche nach Beiträgen zu einem bestimmten Thema ab. Außerdem muss sich der Leser die Links nicht selber archivieren, sondern er findet sie bei Ihnen zentral an einer Stelle. Wenn Sie regelmäßig als solch ein Aggregator für Ihre Branche fungieren, wird man sich an Sie erinnern. Allerdings ist dafür eine gewisse zeitliche und inhaltliche Kontinuität notwendig. Wenn die Sammlung öfter ausfällt, wenn sie Themen enthält, die nicht relevant sind, oder wenn Links veraltet sind oder ins Nichts führen, werden andere im Zweifel nicht wieder auf Ihr Angebot zurückkommen und sich auf die Suche nach besseren Seiten machen.

Das Sammeln von Brancheninformationen hat einen schönen und vor allem praktischen Nebeneffekt: Sie legen sich damit quasi auch ein persönliches Archiv an, auf das Sie jederzeit zurückgreifen können.

> Sofern Sie beruflich im Social Web aktiv werden wollen, sollten Sie darauf achten, dass Sie Ihrer Branche treu bleiben und branchenfremde Links nach Möglichkeit vermeiden.

Speichern und Teilen auf Evernote

Auch diejenigen, die weder Blog noch Webseite haben, können in den Social Media zu Aggregatoren werden. Für das Sammeln von Inhalten gibt es nämlich spezielle Apps und Anwendungen im Social Web. So können Sie Links z. B. in einer Notiz in Evernote sammeln. Evernote (https://evernote.com) ist letztendlich ein Speicher für Daten, die Sie dort mit Schlagworten und nach verschiedenen Notizbüchern, z. B. thematisch geordnet, versehen und im Internet, in der Cloud, ablegen können. Auf diesen Speicher haben Sie vom Desktop aus oder über eine Smartphone-App Zugriff. Wenn Sie darin einen Link oder eine sonstige Notiz speichern, können Sie entscheiden, ob Sie diese beispielsweise auch per Twitter weiterverbreiten wollen.

Komplette Notizbücher, die alle Notizen zu einem bestimmten Thema enthalten, können Sie dagegen nur direkt mit Personen teilen, deren E-Mail-Adresse Sie kennen.

Bildstark und Tablet-geeignet: Inhalte über Flipboard teilen

Eine elegantere Variante ist die Anwendung Flipboard (https://flipboard.com). Sie ist ebenfalls als App und für den Desktop verfügbar. Flipboard zeichnet sich vor allem durch eine ansprechende grafische Darstellung aus. Inhalte, die man dort von anderen Webseiten oder Plattformen speichert, werden mit Bildern versehen und bildschirmfüllend im Zeitschriftendesign veröffentlicht. Die Ergänzung um kurze Kommentare ist möglich. Nutzer können unterschiedliche Magazine erstellen, die beispielsweise nach Themen sortiert sind.

Sie können Beiträge, die Sie archivieren wollen, einem Flipboard hinzufügen und dieses dann öffentlich zugänglich machen. Für die Anwendung gibt es Browser-Ergänzungen, so dass Sie Inhalte auch schnell und einfach über einen Share-Knopf hinzufügen können. Auch wenn Ihnen Interessenten nicht über Flipboard folgen, können Sie sie mit einem Link in Ihren Social-Media-Kanälen regelmäßig darauf aufmerksam machen.

Pocket: schnell, aber schlicht

Um Inhalte zu archivieren, eignet sich auch die App Pocket (https://getpocket.com). Sie ist allerdings im Vergleich zu Flipboard weniger optisch ansprechend. Dafür ist sie mehr auf Effizienz getrimmt, da sie versucht, bei Artikeln den Text vom Layout zu trennen. Damit arbeitet sie sehr schnell. Mittlerweile können Ihnen Nutzer bei Pocket folgen und Inhalte liken. Wie Evernote bietet auch Pocket an, Beiträge mit Schlagwörtern zu versehen. Das ist praktisch, denn so lassen sich Beiträge zu einem bestimmten Themengebiet anzeigen. Damit die Anzahl der Schlagworte nicht ausufert, werden diese in einer Voransicht angezeigt, aus der man auswählen kann. Pocket eignet sich als Archiv vor allem dann, wenn man Datenvolumen sparen will.

Kuratieren: das bessere Sammeln

Beim Kuratieren werden wie beim Aggregieren auch Inhalte zusammengestellt. Aber anstatt sie lediglich als Linksammlung anzubieten, werden die Beiträge ausführlich zusammengefasst und vor allem bewertet. Damit ist das Kuratieren deutlich aufwendiger als das Sammeln oder Aggregieren. Der Mehrwert für Ihre Leser ist dafür jedoch auch entsprechend höher.

Die Zusammenfassung der Beiträge ist das eine, ihre Kommentierung das andere. Oft wird unter Kuratieren auch bereits das kommentierte Teilen von einzelnen Links verstanden. Es ist jedoch viel mehr als das: Eine Kommentierung der Beiträge erfordert Sachverstand, Branchenkenntnis und Formulierungsfähigkeit. Das heißt, Sie müssen die Beiträge erfassen und sich Gedanken dazu machen, wie Sie diese aus Ihrer aktuellen Branchensicht bewerten. Dann müssen Sie diese begründete Bewertung Ihren Followern und Freunden mitteilen. Dafür ist der eigene Blog am besten geeignet; aber auch in jedem anderen Social Network können Sie den Texten, Videos oder Bildern, die Sie für empfehlenswert halten, Kommentare hinzufügen. Sie können diese Sammlungen dann natürlich als Link in Status-Updates wieder über Ihre sozialen Netzwerke verbreiten.

Auf einen Blick: Aktiv im Web mit fremden Inhalten

- Kommunikation ist alles in Social Media. Wer eine Meinung hat, kann sie sofort öffentlich sichtbar äußern. Wer etwas gut findet, kann es mit vielen weiteren teilen. Um das möglich zu machen, gibt es auf den Plattformen die Optionen, einen Beitrag zu liken, zu teilen, zu verlinken und einzubetten.

- Ein Like ist die schwächste Form der Rückmeldung in Social Media, da es unterschiedlich interpretiert werden kann: Es kann als Merkhilfe benutzt werden oder auch bedeuten, dass einem der Beitrag eines anderen gefällt.

- Wer fremde Inhalte mit seinen Kontakten teilt, zeigt damit Wertschätzung für die Beiträge.

- Links erhöhen die Chance, in den Ergebnislisten der Suchmaschinen nach oben zu rutschen. Der Nachteil: Wer Links setzt, führt seine Leser weg von seiner Internet-Präsenz.

- Beim sog. Embedding binden Sie fremde Inhalte in die eigene Social-Media-Präsenz ein. Das funktioniert mittlerweile mit allen Medien.

- Fachinformationen sind oft nur ungeordnet und weit verstreut im Netz zugänglich. Wer sich die Mühe macht und diese Fundstellen sammelt, strukturiert und zusätzlich noch kommentiert, macht sich in der Fachwelt einen guten Namen.

Überzeugen mit eigenen Beiträgen

Es gibt viele Möglichkeiten, im Social Web an Ihrer beruflichen Reputation zu arbeiten. Sie können die Inhalte anderer liken, teilen und in Ihre Webpräsenz einbetten. Am besten lässt es sich jedoch mit eigenen Beiträge punkten.

In diesem Kapitel erfahren Sie u. a.,

- was Sie von Journalisten lernen können,
- aus welchen Quellen interessante Infos für Ihre Texte fließen,
- wie Sie mit Filmen beeindrucken,
- wie Sie zum Blogger werden.

Werden Sie Ihr eigener Chefredakteur

Während sich früher nur Journalisten und Chefredakteure Gedanken darüber machen mussten, was in der nächsten Zeitung oder Sendung veröffentlicht werden soll, sind Sie in Ihren sozialen Netzwerken gleichzeitig Autor, Chefredakteur, Herausgeber und Verleger. Wollen Sie Ihre Freunde und Follower nachhaltig von Ihrer beruflichen Kompetenz überzeugen, müssen Sie ihnen regelmäßig etwas bieten. Sie müssen sich also quasi täglich darum kümmern,

- aus welchen Quellen Sie neue interessante Informationen schöpfen können und wer Ihre Stichwortgeber, Ihre Influencer, sind,

- wie Sie eine gewisse Kontinuität, also eine Regelmäßigkeit Ihrer Beiträge gewährleisten,

- wie Sie Ihre Informationen aufbereiten.

Sie sollten also so ähnlich denken und handeln wie ein Journalist. Nur dann können Sie regelmäßig mit interessanten und aktuellen eigenen Inhalten für Ihre Freunde, Fans und Follower aufwarten. Schaffen Sie das nicht, kann es sein, dass die Zahl Ihrer Follower kleiner wird und die Interaktionen schnell nachlassen.

Zu Beginn, wenn Ihr Netzwerk noch nicht allzu groß ist, werden Sie erst einmal Mühe damit haben, außergewöhnliche Inhalte für Ihre Beiträge zu finden. Ihre eigenen Kreise sind noch zu klein, um unentdeckte Geschichten zu finden, von denen Sie berichten können. Also müssen Sie sich Informationen außerhalb Ihres Netzwerks beschaffen. Dafür können Sie auf zahlreiche Tools und Plattformen im Internet zurückgreifen. Am besten ist es, Sie suchen sich dazu ein Dutzend Quellen zusammen, die regelmäßig aktuelle und zuverlässige Informationen veröffentlichen. Das werden zuallererst Fachmedien sein. Aber auch große, führende Unternehmen Ihrer Branche kommen als Quellen in Betracht, die über zahlreiche Kanäle, wie z. B. Blogs oder Infoseiten, publizieren. Achten Sie jedoch darauf, dass Sie sich nicht zum Sprachrohr der Konkurrenz machen.

Aktuelle Inhalte frei Haus mit RSS-Abos

Professionelle Webseiten bieten ihren Nutzern an, die ständig aktualisierten Inhalte per RSS zu abonnieren. RSS (Real Simple Syndication; im Deutschen in etwa: wirklich einfache Mehrfachnutzung) ist eine praktische, leider vielfach unterschätzte und unterbewertete Technologie. Sie ermöglicht es, neue Inhalte zu abonnieren, sie dabei aber von der ursprünglichen Darstellung, also etwa auf einer Webseite, getrennt anzuzeigen. Damit lassen sich eigene Informationsportale zusammenstellen, etwa in RSS-Readern wie Feedly oder einem Online-Portal wie Netvibes. Fügen Sie dort einfach die RSS-Quellen, die Sie für wichtig erachten, hinzu. Sie erhalten dann z. B. nur die Überschrift und den Text eines Blogeintrags und Ihr sog. Feedreader gibt den Inhalt in seinem Layout wieder. Immer wenn Sie auf Ihr Infoportal gehen, steht dort all das, was Ihre unterschiedlichen Quellen an Neuem veröffentlicht haben.

Auch viele Mail-Programme verfügen über die Möglichkeit, RSS zu abonnieren. Sie erhalten dann den Inhalt des sog. RSS-Feeds, also einen neuen Beitrag einschließlich der Überschrift und dem Text, als E-Mail zugestellt im RSS-Ordner.

Unternehmensinfos als Nachrichtenquelle

Unternehmen informieren über Neuigkeiten meist per Pressemitteilung. Suchen Sie also nach dem Presseportal eines Unternehmens und versuchen Sie herauszufinden, ob Sie neue Pressemitteilungen als RSS abonnieren können. Meistens zeigt das ein Browser wie Firefox oder Chrome automatisch an. Oder Sie finden auf der Webseite ein RSS-Symbol, von dem Sie den Link kopieren können.

An diesem Symbol erkennen Sie, dass Inhalte per RSS bereitgestellt werden

Fügen Sie die Seite dann Ihrem RSS-Portal oder dem RSS-Eingang in Ihrem E-Mail-Programm hinzu.

Vielleicht hat das Unternehmen, das Sie für interessant halten, auch einen Blog. In der Regel können Sie auch Blogs per RSS abonnieren. Blogs bieten in der heutigen Zeit oft eine Alternative zu den sog. Newsrooms von Unternehmen. Viele Start-ups, vor allem aus den USA, betreiben deswegen auch gar kein Presseportal mehr, sondern berichten Aktuelles nur noch über ihren Blog. In Deutschland dient der Unternehmensblog häufig dazu, Interessierten Einblick hinter die Kulissen des Unternehmens zu geben, oder er fungiert als Sprachrohr, beispielsweise für den CEO. Hier lassen sich also sicher auch interessante Inhalte für Ihre eigenen Veröffentlichungen finden.

Sie können übrigens auch Ihre Mitbewerber auf diese Art »verfolgen«. Das ist im Internetzeitalter durchaus üblich und nicht ehrenrührig. Mittlerweile gibt es sogar bekannte Social-Media-Ping-Pongs zwischen Konkurrenten, die öffentlich ausgetragen werden.

BEISPIEL

BMW veröffentlichte auf seinen Social-Media-Kanälen das Programm zu seinen 100-Jahr-Feierlichkeiten, woraufhin Mercedes mit kostenlosem Eintritt für BMW-Mitarbeiter ins Mercedes-Museum reagierte. BMW konterte umgehend und lud wiederum die Mitarbeiter von Mercedes zu den Feierlichkeiten von BMW nach München. In Social Media war damit beiden Erfolg gegönnt und Beobachter konnten über die Souveränität der Konkurrenten schmunzeln. Sie sehen daran: Es wirkt durchaus sympathisch und selbstbewusst, auch einmal den Konkurrenten zu einem guten Ergebnis zu beglückwünschen.

Link: http://blog.daimler.de/2016/03/21/glueckwunsch-zum-geburtstag-100-jahre-bmw/

Verlieren Sie bei all dem Fokus auf Unternehmen aber nicht die Menschen aus den Augen: Social Media heißen so, weil sie sozial sind, also den Einzelnen bei Kommunikation und Interaktion unterstützen wollen. Firmenkanäle in Social Media sind oft neutral, ohne interessantes Profil. Versuchen Sie deshalb in den sozialen Netzwerken lieber die Personen hinter einem Unternehmen zu identifizieren. Von ihnen bekommen Sie nicht nur Neuigkeiten zum Unternehmen, sondern oft auch noch eigene Einschätzungen sowie Hinweise auf andere Ereignisse und Quellen in der Branche.

Solche Influencer kommen übrigens häufig auch aus Analystenhäusern und Forschungsinstituten. Meist veröffentlichen sie in Social Media aufgrund der notwendigen Kürze nur sehr griffige, kurze Ergebnisse aus Studien und Analysen, oft mit einem weiterführenden Hinweis auf deren Langfassung. Bemühen Sie sich auch hier wieder, lieber direkt den Forschern und Analysten als deren Organisationen zu folgen. Das ist häufig viel spannender.

BEISPIEL

Bestes Beispiel für einen tollen Influencer ist der deutsche Raumfahrer Alexander Gerst, der für die Europäische Raumfahrtbehörde auf der Internationalen Raumstation war. Er hat wie einige seiner Kollegen auch aus 400 km Höhe getwittert und uns nicht nur mit beeindruckenden Bildern des blauen Planeten versorgt, sondern gleichzeitig auch viel zur Raumfahrt erklärt. Zurück auf der Erde ist @Astro_Alex, so sein Twittername, auf vielen Veranstaltungen frenetisch gefeiert worden, weil er es schon auf seiner Mission hat »menscheln« lassen. Gleichzeitig wurde er damit quasi zum Social-Media-Botschafter für die Luft- und Raumfahrt.

Alexander Gerst bei Twitter

Newsletter: wertvolle Inhalte per E-Mail

E-Mail hat sich in unserer Gesellschaft als zentrales Kommu-
nikationsmedium etabliert. Vielfach totgesagt und totgeredet,
durch visionäre Alternativen eigentlich schon längst ersetzt,
hat es bisher allen Widrigkeiten getrotzt. Nachdem weder fir-

meninterne Social-Plattformen noch Chats die Mail ablösen konnten, ist der elektronische Posteingang nach wie vor das Hauptwerkzeug der Kommunikations- und Informationsarbeiter. Auch alle damit verbundenen Vor- und Nachteile bleiben über die Jahre hinweg erhalten: Nach wie vor finden wir in unserem Posteingang Mails mit Spam, mit Viren und werden mit der unvermeidlichen E-Mail-Flut am ersten Arbeitstag nach dem Urlaub konfrontiert.

E-Mail ist die Zentrale für jegliche Kommunikation geworden. Mit sog. Unified Communications laufen sogar Fax und Anrufbeantworter in das E-Mail-Postfach. Und so hat sich auch der E-Mail-Newsletter als beliebtes Benachrichtigungs- und Nachrichtenwerkzeug durchgesetzt. Es gibt praktisch keine Unternehmen, keine Tageszeitungen, keine Magazine mehr, die nicht auch einen Newsletter anbieten. Unternehmen haben Newsletter als geeignetes Marketinginstrument erkannt.

Wer aktuelle und interessante Inhalte für seine Social-Media-Kanäle sucht, wird daher oft in Newslettern fündig. Sie sind eine effiziente und regelmäßige Quelle für gute Informationen, die sich weiterverbreiten lassen. Um für seine Freunde und Follower in Social Media attraktiv zu bleiben, sollte man aber mit der Auswertung der Newsletter schnell sein. Sobald alle ihre E-Mails gelesen haben, ist insbesondere bei branchenbezogenen Newslettern davon auszugehen, dass die Inhalte auch bei den Fachkollegen bereits angekommen sind. Versuchen Sie deshalb Newsletter möglichst vor allen anderen, am besten früh am Morgen zu lesen und deren Inhalte für die eigenen Social-Media-Beiträge zu verwerten.

Setzen Sie zudem nicht nur auf populäre Newsletter, sondern suchen Sie sich Angebote, die nicht jeder kennt und abonniert hat. Auch hier können Sie sich einen Informationsvorsprung zu Ihren Fachkollegen erarbeiten, wenn Sie Newsletter von ausländischen Medien und Plattformen beziehen.

Denken Sie auch daran, dass viele Unternehmen Newsletter herausgeben. Suchen Sie sich dort Newsletter, die nicht nur produkt- und unternehmenszentriert sind, sondern auch Branchennews verbreiten.

> Bleiben Sie fair – dieser Grundsatz gilt auch für Social Media: Sie tun vor allem den weniger bekannten Branchendiensten einen Gefallen, wenn Sie sie als Quelle Ihrer Social-Media-News nennen. Die Gefahr, dass Sie mit einem Schlag für Ihre Follower uninteressant werden, weil alle den in der Quelle genannten Newsletter abonnieren, ist eher gering.

Lohnt sich ein eigener Newsletter?

Newsletter sind mit Software-Anwendungen aus der Cloud für jedermann leicht zu erstellen. Wer einen Blog sein Eigen nennt, kann mit geeigneten Plug-ins selbst Newsletter veröffentlichen. Ob der Aufwand dafür steht, muss jeder für sich selbst entscheiden.

Die Produktion qualitativ hochwertiger Inhalte, die von den Empfängern auch gelesen werden, ist aufwendig. Der Tipp, selbst beispielsweise neben dem Blog zusätzlich noch einen Newsletter herauszugeben, beschränkt sich deshalb auf Unternehmer und Selbstständige, die qua Tätigkeit genug zu erzählen haben. Für Privatpersonen im Angestelltendasein eignet sich ein Newsletter eher weniger.

> Achten Sie darauf, dass Sie Newsletter nur denjenigen registrierten Empfängern per Mail schicken dürfen, die dieser Art der Kontaktaufnahme ausdrücklich vorher zugestimmt haben. Dies gilt vor allem, wenn der Newsletter zu Werbe- oder Marketingzwecken versendet wird.

Der beste Anlass sind Ereignisse

Sehr gut für Social-Media-Zwecke verwerten lassen sich Veranstaltungen, wie z. B. Messen. Erstens werden hier oft Neuigkeiten vorgestellt; zweitens sind häufig Prominente zugegen. Das können Branchenexperten sein, aber auch echte Stars oder Sternchen, die von Unternehmen zu Marketingzwecken eingekauft wurden. Drittens bieten solche Veranstaltungen immer gute Motive für Bilder. Nun müssen Sie nicht unbedingt persönlich anwesend sein, um von ihnen zu profitieren. Es gibt immer auch andere Nutzer von sozialen Netzwerken, die vor Ort sind. Um herauszufinden, wer dort zugegen ist, suchen Sie am besten nach dem Event-Hashtag (siehe hierzu das Kapitel »140 Zeichen schnell: Twitter«) und verwenden Sie dann Listen, um die Social-Media-aktiven Veranstaltungsteilnehmer gebündelt verfolgen zu können. Vergessen Sie nicht, beim Teilen immer auch auf die Quelle zu verweisen.

Neben Messen gibt es oft noch viele weitere branchenrelevante Ereignisse, auf die Sie in Ihren Social-Media-Kanälen reagieren können. Das können beispielsweise Jahrestreffen Ihres Branchenverbands oder der Berufsorganisation sein. Vielleicht stehen auch Gesetzesänderungen an, die Ihre Branche betreffen. Dann können Sie die jeweiligen Gesetzesentwürfe oder Debatten im Gesetzgebungsverfahren als Anlass für Veröffentlichungen nutzen. In manchen Branchen können regelmäßige Veröffentlichungen von Behörden oder staatlichen Organisationen interessant sein, wie etwa die Arbeitslosenstatistik oder der Leitzins. Auch Statistiken von privaten Meinungsforschungsinstituten können die Basis für gute Social-Media-Veröffentlichungen sein. Sehr beliebt sind auch Jahrestage, so z. B. der Weltfrauentag oder der Nichtrauchertag. Details dazu finden sich nach einer kurzen Internet-Recherche, so z. B. unter www.unric.org/de/internationale-tage-und-jahre. Oftmals nutzen auch Organisationen, Vereine und Interessenverbände Jahrestage, um auf ihre Belange aufmerksam zu machen. Auch diese Meldungen können Sie verwerten.

BEISPIELE

Der Tag des Waldes (21.03.) oder des Baumes (25.04.) eignet sich etwa dazu, auf Umweltschutzengagement in bestimmten Branchen hinzuweisen. Beliebt ist bei vielen Unternehmen mittlerweile auch der Girls und Boys Day im Frühjahr, an dem Jungen und Mädchen für naturwissenschaftliche Studiengänge interessiert werden sollen. Daraus ergeben sich auch schöne Inhalte für Social-Media-Kanäle. Achten Sie aber darauf, dass bei Kindern und Jugendlichen die Erziehungsberechtigten ihre Einwilligung zur Veröffentlichung von Fotos und Namen gegeben haben müssen. Darum kümmern sich meistens die Organisatoren in Ihrem Unternehmen. Fragen Sie aber sicherheitshalber nach, bevor Sie Bilder von Kindern veröffentlichen.

Ein Film sagt oft mehr als Worte

Das Internet und auch die sozialen Medien werden immer visueller. Machen auch Sie sich die Macht der bewegten Bilder zunutze. Dafür müssen Sie sich kein teures Equipment anschaffen. Mit jedem handelsüblichen Smartphone der Mittelklasse können Sie bereits ansprechende Videos aufzeichnen. Sie müssen ja nicht gleich der große YouTube-Star werden. Beschäftigen Sie sich aber trotzdem mal mit den Videofunktionen Ihres Smartphones und sehen Sie sich auch entsprechende Apps an.

Filmchen von Vine

Videos aufnehmen und schneiden ist heute ein Kinderspiel. Die App Vine (https://vine.co) erlaubt es etwa, Videos aufzunehmen im Stop-Motion-Modus; das heißt, Sie müssen das Video nicht in einem Durchgang aufnehmen, sondern können es nahezu beliebig oft stoppen.

Ambitionierte Hobbyfilmer und professionelle Werbeagenturen haben diese App recht schnell für sich entdeckt und für ansprechende Zeichentrickfilme verwendet.

Aufnahme des Autors von einer Makerfair, einer Bastlermesse für Digitales

Opel etwa filmte alle möglichen Ausstattungsvarianten des neuen Opel Adam hintereinander; der Film wirkt wie ein Daumenkino. Sehen Sie sich einfach ein paar der Vines an und Sie verstehen das Prinzip recht schnell. Vine ist eine App von Twitter, so dass sie sich besonders gut mit Twitter »versteht«. In Ihrem Twitter-Profil wird daher auch angezeigt, wie oft Ihre Vines abgerufen wurden; es werden die sog. Loops gezählt.

> Vine ist übrigens auch eine eigenständige Social-Media-Plattform, auf der Sie anderen Teilnehmern folgen und deren Vines liken können.

Auf Veranstaltungen eignet sich Vine beispielsweise recht gut, um die Atmosphäre einzufangen. Überlegen Sie sich ein kleines Drehbuch im Kopf. Filmen Sie die Fahnen vor dem Eingang, Menschen, die durch den Eingang drängen, die schönsten Messestände, attraktive Exponate usw.

Die App zeichnet auch Ton auf. Sie sollten also während des Aufnehmens keine Unterhaltung führen und auch auf unpassende Hintergrundgeräusche achten. Gegebenenfalls können Sie Musik überblenden. Musik, die in der Nutzung nicht beschränkt ist, gibt es ebenfalls kostenlos im Internet (vgl. z. B. https://licensing.jamendo.com/en/catalog). Die Nachbearbeitung Ihres Videos wird dann allerdings etwas langwieriger.

Videos: geeignet für fast alle Plattformen

Facebook hat Videos mittlerweile direkt in seine Plattform integriert, um die Mitglieder davon abzuhalten, Links auf YouTube zu veröffentlichen. (YouTube gehört Google, der großen Konkurrenz von Facebook.) Auch über Instagram, das Bildportal, das Facebook gehört, lassen sich mittlerweile Videos bis zu 60 Sekunden Dauer hochladen. Besonders attraktiv daran ist, dass Sie die gleichen Filter, mit denen Instagram bei Fotos populär geworden ist, auch bei Videos verwenden können.

Dieser TaschenGuide kann kein Lehrbuch für Internet-Videos ersetzen und kann auch keine Gebrauchsanleitung für bestimmte Geräte, Software oder Apps sein. Er möchte Sie aber dazu ermutigen, die entsprechenden Funktionen Ihres Smartphones auszuprobieren.

> Neben Filmen spielen Bilder eine wichtige Rolle bei der Visualisierung. Auch sie erregen die Aufmerksamkeit Ihrer Freunde und Follower. Überlegen Sie daher immer, ob Ihnen zu Ihren Tweets oder Facebook-Veröffentlichungen sowie zu Ihren Kommentaren noch ein passendes Bild oder ein Symbol einfällt.

Wie Sie Ihre Social-Media-Aktivitäten organisieren

Noch stärker als anderswo gilt bei Social-Media-Aktivitäten der Satz »Von nichts, kommt nichts«. Je mehr Zeit und Aufwand Sie investieren, desto sichtbarer werden Sie. Idealerweise gehen Sie dabei strategisch und geplant vor. Seien Sie nicht mehr oder weniger zufällig mal online und mal nicht.

- Twitter sollten Sie mindestens einmal täglich öffnen. Wenn Sie mehr als 100 aktiven Accounts folgen, kann es einige Zeit brauchen, bis Sie sich Übersicht verschafft haben. Kalkulieren Sie den Aufwand dafür also in Ihre Tagesplanung ein.

- Bei XING und LinkedIn reichen auch ein bis zwei Besuche pro Woche. Dort sollten Sie dann aber auch jeweils ein Status-Update absetzen.

- Generell sollte man jede Plattform pro Woche einmal besuchen.

In konkrete Zeitangaben umgerechnet bedeutet das, dass Sie für rund vier Plattformen mindestens zwei bis drei Stunden insgesamt pro Woche kalkulieren sollten. Damit das nicht zu aufwendig wird, gibt es mittlerweile eine Vielzahl von Online-Werkzeugen, mit denen Sie sich organisieren können. Das ist einerseits praktisch, andererseits kann es dazu führen, dass Sie Ihre Online-Persönlichkeit zu sehr automatisieren. Dann fehlt der persönliche Touch, oder anders gesagt, das Soziale in Social Media. Andere registrieren das schnell, mit der Folge, dass das Interesse an Ihren Kanälen nachlässt. Wichtig ist also, dass es auf Ihren Plattformen immer auch ein bisschen »menschelt«, obwohl Sie sich der Werkzeuge bedienen.

Hootsuite – mächtiges Werkzeug zur Social-Media-Organisation

Eines der beliebtesten Werkzeuge, um mehrere Social-Media-Kanäle gleichzeitig zu bedienen, ist die Online-Plattform

Hootsuite (https://hootsuite.com). Für Privatanwender ist sie, trotz vieler praktischer Funktionen, kostenlos. Derzeit können Sie über Hootsuite Twitter, Facebook, Google+, YouTube, Instagram und auch LinkedIn bedienen. In der Kostenlos-Variante müssen Sie sich allerdings für drei Networks entscheiden. Wenn Sie mehr Plattformen damit verwalten wollen, müssen Sie sich für das kostenpflichtige Angebot registrieren. Über spezielle Apps lassen sich darüber hinaus auch noch eine Vielzahl weiterer Kanäle via Hootsuite verwalten.

Vor allem die Möglichkeit, das soziale Business-Netzwerk LinkedIn zentral mit Status-Updates zu versorgen, macht Hootsuite für diejenigen interessant, die sich beruflich in sozialen Medien engagieren wollen.

Wer seine Social-Media-Accounts mit viel Engagement betreibt, informiert sich darüber, wann seine Veröffentlichungen am meisten Resonanz bei den Freunden und Followern finden, d. h. an welchem Tag zu welcher Uhrzeit die meisten Likes und Shares zu erwarten sind. Mit Hootsuite lassen sich Veröffentlichungen zeitlich planen, so dass Sie Ihre Posts immer zum optimalen Zeitpunkt absetzen können.

> Vergessen Sie Ihre geplanten Posts nicht. Es wirkt merkwürdig, wenn Sie gerade Fotos aus dem Fußballstadion veröffentlichen und dazwischen plötzlich ein geplanter Beitrag aus Ihrem Berufsleben auftaucht.

Wenn Ihnen Hootsuite zu mächtig erscheint, können Sie Ihre Beiträge auch mit Buffer planen (https://buffer.com). Das Tool veröffentlicht in der kostenlosen Version ebenfalls auf Linke-dln, Twitter, Facebook und Google+. Es empfiehlt Ihnen zudem, wann der optimale Zeitpunkt für Ihre Veröffentlichungen ist.

Twitter unter Kontrolle mit Tweetdeck

Twitter bietet mit Tweetdeck selbst eine Online-App an, mit der Sie Ihren Twitter-Account leicht verwalten können.

Tweetdeck – Desktop-Browser-Anwendung von und für Twitter

Die Anwendung vereint alle Twitter-Funktionen in einer übersichtlichen Oberfläche und zeigt Ihnen in Spalten alles an, was Sie wissen wollen: wo Sie erwähnt werden und wer Ihre Tweets geliked hat. Außerdem veröffentlicht Tweetdeck übersichtliche Statistiken zu den Nutzern. Sie können daraus ersehen, wie viele Follower, wie viele Tweets usw. Sie haben. Sie können Follower außerdem einfach per Mausklick Ihren Listen hinzufügen.

Praktisch ist Tweetdeck auch, wenn Sie Veranstaltungen oder andere Ereignisse in Twitter beobachten wollen. Sie können mehrere Hashtag-Suchen speichern und in Spalten darstellen lassen. Innerhalb der Spalten können Sie dann auch noch weiter sortieren, indem Sie z. B. Tweets von bestimmten Quellen oder mit speziellen Hashtags ausschließen.

Für engagierte Twitterati, die vornehmlich Twitter zur Social-Media-Kommunikation nutzen, und zur Begleitung von Veranstaltungen ist Tweetdeck sicher eine gute Wahl. Das gilt insbesondere, wenn Sie in Branchen arbeiten, in denen Sie ständig Überblick über den täglichen allgemeinen Nachrichtenfluss haben müssen. Twitter sorgt in Kombination mit Tweetdeck für mehr Information als ein ständig laufender TV-Nachrichtensender.

Automatisch auf anderen Plattformen veröffentlichen

Wenn Sie nicht zu viele Werkzeuge einsetzen wollen oder lieber in den Plattformen direkt unterwegs sind, können Sie diese auch untereinander verbinden. Das hat zur Folge, dass Veröffentlichungen in einer Plattform automatisch auch in einer anderen dargestellt werden.

- **Variante 1:** Sie können das für jeden Beitrag individuell entscheiden. Sie werden dann vor der Veröffentlichung gefragt, ob Sie den Beitrag in Ihren anderen Kanälen teilen wollen. Meistens müssen Sie dazu die jeweiligen Symbole anklicken und über eine Anmeldemaske für die zu verbindende Plattform bestätigen, dass Sie Ihre Nachricht auch dort veröffentlichen wollen.

- **Variante 2:** Wenn Sie alle Ihre Veröffentlichungen jeweils auch in anderen Plattformen anzeigen lassen wollen, können Sie das in der Regel automatisieren. Beispielsweise können Sie alle Tweets auch direkt an Facebook weiterleiten. So müssen Sie Facebook nicht gesondert bedienen. Allerdings führt die Weiterleitung von einer Plattform zur anderen oft zu Einschränkungen in der Darstellung, so z. B., wenn Sie Bilder von Instagram auch bei Twitter darstellen.

Überlegen Sie sich vorher gut, welche automatischen Verbindungen Sie von der einen Plattform auf die nächste aktivieren, sonst kann es passieren, dass Sie doppelt oder sogar noch öfter veröffentlichen. Andere Nutzer sehen so etwas nicht gerne. Wenn Ihnen das zu spät auffällt, können die Kontakte bereits abgesprungen sein.

Denken Sie auch daran, dass sich nicht alle Nachrichten in Inhalt und Frequenz für alle Plattformen gleichermaßen eignen. Nutzer in Facebook können sich abgeschreckt fühlen, wenn Sie im 15-Minuten-Takt Updates lesen müssen, die via Twitter weitergeleitet werden, etwa bei einem Event. Auch hier sollten Sie mit automatisierten Verbindungen vorsichtig sein.

Verteilung nach Rezept mit ifttt

Eine Möglichkeit, die Verteilung individuell zu steuern, bietet die Plattform ifttt (https://ifttt.com). Der Name entstand aus der Abkürzung für »If this then that«. Hier können Sie Regeln anlegen, was passieren soll, wenn Sie auf bestimmten Plattformen bestimmte Stichwörter verwenden. Dazu gibt es sog. Rezepte, die mittlerweile Dutzende Plattformen erfassen.

BEISPIEL

> Sie könnten damit Inhalte automatisch in Ihrem Cloudspeicher, wie z. B. der Dropbox, ablegen oder alle Tweets mit dem Stichwort »Verbrauchermesse« auf Facebook teilen.

Anfüttern statt duplizieren

Ob es generell sinnvoll ist, bereits veröffentlichte Beiträge zeitgleich oder später noch einmal auf einer anderen Plattform anzubieten, ist fraglich. Vor dem Hintergrund der Netzwerkeffekte und verschiedener Zielgruppen und Ziele sollte es jedoch nicht ausgeschlossen werden.

BEISPIEL

Sie können einen Fachbeitrag, den Sie auf LinkedIn veröffentlicht haben, auch auf Facebook publizieren. Vielleicht freuen sich ein paar Ihrer Freunde dort darüber, endlich zu verstehen, was genau Sie in Ihrem Job machen – und vielleicht ergeben sich daraus sogar überraschende neue berufliche Kontakte.

Es kann auch sinnvoll sein, einen fachspezifischen Beitrag von Ihrem Blog auf LinkedIn zu veröffentlichen, um Ihre Kontakte dort auf Ihren Blog und weitere Beiträge dort aufmerksam zu machen.

Zu bedenken ist beim Duplizieren von Beiträgen, dass Google es nicht schätzt, den gleichen Inhalt zweimal zu finden. Entweder Sie ändern ihn ab, oder Sie laufen Gefahr, dass Sie von der Suchmaschine auf die hinteren Ergebnisseiten verbannt werden.

Locken mit Textschnipseln: Anteasern

Vielfach praktiziert wird auch das sog. Anteasern: Mit einer Zusammenfassung, der Einleitung oder einem Ausschnitt aus dem Beitrag machen Sie Ihren Kontakten Appetit auf den gesamten Text. Anteasern können Sie im Prinzip auf jeder Plattform, auf der Sie präsent sind. Allerdings sollten Sie darauf achten, dass der angeteaserte Beitrag einigermaßen zu den übrigen Posts dort passt.

BEISPIEL

Ein wissenschaftlicher Text zwischen Urlaubsfotos wäre wohl nicht empfehlenswert, solange es darin nicht um Sonnencreme geht.

Wenn Ihre Kontakte »angebissen« haben, sollten sie per direkter Verlinkung auf Ihre zentrale Webpräsenz geleitet werden. Je nachdem, wofür Sie sich entschieden haben, können das Ihr persönlicher Blog auf Ihrer eigenen Domain sein, Ihre Beiträge auf dem Unternehmensblog Ihres Arbeitgebers oder eine andere Webpräsenz, auf der Sie regelmäßig veröffentlichen.

Wie Sie zum Blogger werden

Das Weblog oder kurz: der Blog wurde ähnlich wie die E-Mail schon oft totgesagt. Das Internet-Tagebuch erfreut sich aber nach wie vor großer Beliebtheit. Zu gut sind die Argumente, die für das Bloggen sprechen.

Bloggen geht mittlerweile auch ohne eigenen Blog, und zwar indem man andere Social-Media-Plattformen dafür nutzt. Es gibt dafür inzwischen viele Veröffentlichungsmöglichkeiten im Internet. Wer selbst also regelmäßig größere Beiträge publizieren will, dem stehen, neben einem eigenen Blog auf einer eigenen Domain (also unter einer selbst gewählten URL), zahlreiche Plattformen offen. Wie alle Plattformen, die vorher bereits angesprochen wurden, haben sie einen entscheidenden Nachteil: Sie haben als Nutzer keinen Einfluss auf die Betreiber. Wenn sich durch einen Börsengang oder eine Fusion oder den Verlust von Kapitalgebern plötzlich das Geschäftsmodell der (kostenfreien) Plattform ändert, kann es sein, dass Sie plötzlich zur Kasse gebeten werden oder von jetzt auf gleich den Zugang zur Plattform oder den Zugriff auf Ihre Inhalte verlieren.

BEISPIEL

Vor einigen Jahren war Posterous eine beliebte Multi-Blogging-Plattform. Sie war einfach zu bedienen, konnte praktisch jedes Format darstellen (Bilder, Tondateien, Filme) und ließ sich ganz einfach per E-Mail bestücken. Lediglich im Layout war der Nutzer etwas beschränkt. Kurz: Posterous war ein Werkzeug für schnelle Veröffentlichungen, das die Inhalte eines Nutzers an einem zentralen Ort bündelte. Die Kunden von Posterous sowie die verwendete Technik waren natürlich für die Konkurrenz sehr attraktiv. So kaufte dann auch die in den USA beliebte Blogging-Plattform Tumblr Posterous. Beide verfolgten in etwa ein ähnliches Konzept. Tumblr ist dabei stärker auf Bilder, Filme und Vernetzung ausgelegt.

Posterous Nutzern blieben ein paar Wochen Zeit, ihre Inhalte auf Tumblr umzuziehen; findige Programmierer boten dafür sogar die entsprechende Software an. Das funktionierte leidlich gut. Nur wenige Monate später kam dann bereits der nächste Schreck für die neuen Tumblr-Nutzer, als der US-Internetkonzern Yahoo! sich Tumblr einverleibte.

Für die Nutzer änderte sich dadurch zwar vorerst nichts, dennoch ist man seitdem »Mitglied« bei einem relativ erfolglosen US-Unternehmen, das mehr und mehr der Willkür von Investoren und potenziellen Käufern ausgesetzt scheint. Eine langfristig sichere Perspektive für die eigenen Inhalte ist das nicht. Investitionen der Nutzer, etwa in Design und Layout eines Tumblr-Blogs können verlorengehen. Ob die Plattform technologisch weiterentwickelt wird, ist derzeit nicht erkennbar.

Das Beispiel zeigt genug Gründe auf, die für einen eigenen Blog auf einer eigenen Domain (URL) sprechen. Dennoch sind Veröffentlichungsplattformen nicht ganz zu verachten. Sie machen es möglich, Inhalte ohne technische Vorkenntnisse schnell und einfach ins Internet zu bringen. Generell bieten Blogging-Plattformen auch eine individuelle Adresse; meistens nach der Syntax www.plattform.com/nutzername.

Es gibt bei allen Plattformen dieser Art mittlerweile zahlreiche Funktionen, um das Design und Layout den individuellen Anforderungen und Vorlieben anzupassen. Dazu gehören Schriftarten, Farben und Hintergrundbilder. Auch die Knöpfe, um die Inhalte in Social Media zu teilen, sind meistens vorhanden. Doch oft halten sich die Plattformen nicht an alle Internet-Standards, so dass das Verlinken und Einbetten von Inhalten nicht so einfach möglich ist. In puncto Rechtssicherheit ist es am besten, wenn Sie auf eine Plattform setzen, deren Gerichtsstand in Deutschland ist. Sie gewährleisten dadurch, dass Ihre Inhalte dem strengen deutschen Urheberecht unterliegen und nicht einfach so von anderen verwendet werden dürfen. Ob dem so ist, sollten Sie in den Nutzungsbedingungen nachlesen.

Auch Unternehmen nutzen manchmal das Potenzial der bestehenden Blogging-Plattformen. Damit sprechen sie explizit die offene Community außerhalb der eigenen Webseite an.

BEISPIEL

Mercedes hat vor einigen Jahren auf der Plattform Posterous seine Wasserstoffautos bei ihrer Reise rund um die Welt begleitet.

Microsoft Deutschland stellte zu einer Veranstaltung Inhalte zum Thema Arbeitswelt der Zukunft auf einem Tumblr-Blog zusammen.

Facebook Notes statt eigener Blog

Einige Social-Media-Plattformen haben mittlerweile den Wert längerer Beiträge erkannt. Facebook mit seinem allumfassenden Anspruch bietet mittlerweile etwa Facebook Notes an. Damit können Sie längere Beiträge ansprechender als in den üblichen Status-Updates aufbereiten. Wenn Sie eine gewisse Anzahl Wörter in einem Status-Update geschrieben haben, bietet Ihnen Facebook automatisch an, auf Facebook Notes weiterzuschreiben. Wenn Sie sich entschieden haben, Facebook auch oder vornehmlich als berufliches Netzwerk zu nutzen, können Sie diese Option statt eines Blogs in Betracht ziehen.

Die Social-Media-Beraterin Meike Leopold bewirbt ihren Blog via Facebook Notes

Bedenken Sie jedoch, dass die Such- und Verlinkungsfunktionen auf Facebook sehr eingeschränkt sind. Die Facebook-Suche ist noch so schlecht, dass fraglich ist, ob man Ihre Inhalte später überhaupt findet. Zudem kann das Layout nur schwer individualisiert werden.

Bloggen mit LinkedIn Pulse

Das amerikanische Business-Netzwerk LinkedIn bietet seinen Nutzern über die Funktion Pulse an, längere Beiträge zu veröffentlichen. Auch hier wird den individuellen Vorlieben beim Design kaum Rechnung getragen. Der große Vorteil von Pulse liegt jedoch darin, dass die Beiträge innerhalb des Netzwerks sehr gut geteilt werden können. Zudem beschäftigt LinkedIn bei Pulse eigene Redakteure, die Beiträge sichten, bewerten und Nutzern empfehlen. Wer es auf eine derartige Empfehlungsliste schafft, dem sind in kurzer Zeit zahlreiche neue Leser und damit auch Kontaktanlässe sicher.

Attraktiv für Textliebhaber: Medium

Eine US-amerikanische Plattform, die langsam immer mehr aus dem Nischendasein rückt, ist Medium – erreichbar unter medium.com. In der ersten Version von Medium konnte man eigentlich nur Texte veröffentlichen und mit Links versehen. Dazu gab es eine spartanische Profilseite mit Fotos. Trotz dieser Einschränkungen hat beispielsweise der US-Präsident Barack Obama auch schon auf Medium Artikel veröffentlicht.

Medium in der Startansicht

Da die Attraktivität des geschriebenen Wortes offenbar anhält und viele immer noch vor einer eigenen Internet-Präsenz zurückschrecken, hat Medium auf eine Erweiterung seiner Funktionen gesetzt und sich entschieden, individuelle und visuelle Layouts zu gestatten. Die Stärke der Plattform liegt weniger im hohen Vernetzungsgrad, sondern eher bei ihren hochwertigen Autoren, die vor allem aus den Geisteswissenschaften kommen. Nutzer können auf Medium anderen Nutzern folgen und Lesezeichen sowie Likes bei Artikeln setzen. Auch Medium stellt mittlerweile gut bewertete Beiträge zusammen und präsentiert sie seinen Nutzern, sogar auf Deutsch.

Medium bietet ein sog. Plug-in, also eine Software-Ergänzung zu der beliebten Blog-Software WordPress an: Damit lassen sich Beiträge aus dem eigenen WordPress-Blog auch direkt auf Medium veröffentlichen.

Garantiert unabhängig: der eigene Blog

Manchmal treibt einen die Euphorie dazu, die eigenen Inhalte möglichst schnell veröffentlichen zu wollen. Wenn man selbst noch nicht im Internet präsent ist, bietet sich dann natürlich eine Fremdplattform an. Überlegen Sie aber genau, ob Sie wirklich nur dieses eine Mal im Internet veröffentlichen wollen – und vor allem, wie Sie davon profitieren können. Vielleicht lohnt sich der geringe Zeit- und Kostenaufwand für die Reservierung einer eigenen Domain und die Installation der beliebten Blogging-Software WordPress ja doch (https://de.wordpress.com/). Dann haben Sie die Chance, regelmäßig unter der von Ihnen selbst gewählten Adresse zu veröffentlichen. Jeder findet Sie dort wieder.

«My Blog is my Castle», diese Weisheit des Internet-Zeitalters wird nicht nur von mir oft gepredigt – Sie sind dort derjenige, der über alles entscheidet.

Sie sind frei in der Wahl eines Domainnamens, auch URL genannt, unter dem Ihr Blog im Web auffindbar ist. Häufige Familiennamen und Kombinationen daraus sind natürlich längst vergeben. Dennoch gibt es mit ausreichend Kreativität und Ideen durchaus noch einprägsame Kombinationen. Denken Sie dabei daran, dass die meisten Zugriffe auf eine Webseite heute nicht mehr über das Eintippen der URL in die Browser-Leiste erfolgen. Interessierte gelangen eher über Suchmaschinen, Links und aus Social Media zu den Seiten. Länge und Schreibweise einer Domain sind damit eher zweitrangig geworden.

Mit der Einrichtung eines Blogs (oder einer Webseite) erhalten Sie üblicherweise auch E-Mail-Adressen und FTP-Zugänge. Das heißt, Sie sind dann auch unter der E-Mail-Adresse erreichbar, die zu Ihrer Domain passt. Das kann für Selbstständige besonders interessant sein, denn eine individuelle Domain in der E-Mail-Adresse wirkt immer professioneller als die eines Anbieters von kostenlosen Mail-Adressen.

Mit dem eigenen FTP-Zugang können Sie den Austausch großer Dateien über Ihren eigenen Webserver organisieren, ohne diese über E-Mail oder USB-Sticks verschicken zu müssen: Der Absender lädt sie hoch, der Empfänger herunter. Damit sind Sie nicht mehr auf Filehosting-Dienste wie etwa Dropbox oder WeTransfer angewiesen.

Es gibt viele Gründe, die für einen eigenen Blog sprechen:

- Sie nutzen damit die Möglichkeiten von Social Media in puncto Publizieren, Kommentieren, Liken, Teilen, Verlinken und Einbetten maximal aus. Alle diese Funktionen bietet ein eigener Blog auf einer zentralen Plattform.

- Sie sind im Internet immer an der gleichen Stelle auffindbar, bestenfalls ein ganzes (Berufs-)Leben lang. Sie können den Blog zu Ihrer zentralen Anlaufstelle im Internet machen.

- Sie sind unabhängig von Nutzungsbedingungen fremder, oft im Ausland ansässiger Unternehmen. Auf Ihrem Blog sind Sie Herr bzw. Frau über Ihre Inhalte. Diese gehören nur Ihnen.

- Sie sind unabhängig von technischen Änderungen bei Fremdplattformen. Von WordPress erscheint natürlich auch regelmäßig eine neue Version. Die Aktualisierung erfolgt jedoch mittlerweile automatisch und ist sehr zuverlässig. (Sofern Sie nicht sehr viel individuelle Änderungen im Programmcode vorgenommen haben oder komplexe Webseiten betreiben, sollten Sie die automatischen Updates eingeschaltet lassen. Bei kritischen Sicherheitsupdates kommen Aktualisierungen häufig innerhalb von 24 Stunden, so dass Sie sich dann um nichts kümmern müssen.)

- Sie sind unabhängig von unternehmensstrategischen oder wirtschaftlichen Entscheidungen bei Fremdplattformen.

- Sie können Beiträge nachträglich einfach ergänzen und korrigieren oder auch die Veröffentlichung rückgängig machen.

- Sie sind bei Ihrem eigenen Blog frei in der Auswahl des Layouts und Designs (innerhalb gewisser technisch bedingter Grenzen). Für WordPress sind Tausende kostenloser Layouts, sog. Themes, verfügbar. Diese können Sie, je nach Komplexität der Vorlage, noch eigenen Vorlieben anpassen. Wenn Sie es individueller wollen, können Sie Themes auch kaufen oder sie sich programmieren lassen.

- Sie können Ihre eigene Domain und Webpräsenz optimal für Suchmaschinen einrichten, technisch wie inhaltlich.

- Wenn Sie sich an Standards halten, z. B. mit der Blog-Software WordPress, können Sie ganz einfach Bilder, Videos und andere Daten von anderen Plattformen übernehmen, d. h. nicht nur verlinken, sondern in Ihren Blog einbetten, also im Original direkt in der Veröffentlichung anzeigen lassen.

- Mit statischen Seiten, also Seiten, die nicht im fortlaufenden Tagebuchformat gestaltet sind, können Sie länger gültige Inhalte dauerhaft veröffentlichen. Hier bietet sich z. B. eine Seite über Ihren (beruflichen) Werdegang oder eine Seite mit Links auf Ihre beruflich initiierten Veröffentlichungen oder andere Link- oder Bildersammlungen zu speziellen Themen an. Sie können bei WordPress als Startseite übrigens auch eine statische Seite wählen. Das lohnt sich, wenn Sie bestimmte, dauerhaft gültige Angaben immer auf der Startseite sehen wollen. WordPress wird damit zu einem vollwertigen Content-Management-System. Sie können damit also nicht nur einen Blog, sondern eine komplette Webpräsenz für sich erstellen. Allerdings sind für die Einrichtung einer anspruchsvollen Startseite Kenntnisse in HTML-Programmierung nahezu unumgänglich.

Der passende Webhosting-Dienst

Je nachdem, welche Anforderungen Sie an Verfügbarkeit, Zuverlässigkeit und Service stellen, sollten Sie sich für einen auch vom Preis-Leistungsverhältnis her passenden Webhoster in Deutschland entscheiden. Webhoster sind Unternehmen, die Ihnen für Ihre Domain eine Präsenz auf einem Webserver einrichten. Dort wird die Software installiert, mit der Sie Ihre Internetpräsenz erstellen, z.B. die Blog-Software WordPress. Webhoster bieten in einem Hosting-Paket meistens auch an, Ihre Wunschdomain zu reservieren und für Sie dauerhaft zu erhalten.

Einen Webseitenbaukasten, wie ihn jimdo oder wix anbietet, sollten Sie nur einsetzen, wenn Sie sich sicher sind, dass dessen Funktionsumfang ausreicht. Da dies zum Start einer Webpräsenz oft angenommen wird, ist man schnell geneigt, zu solchen »Fertigteil-Lösungen« zu greifen. Wenn Sie aber später einmal die Inhalte auf ein anderes System umziehen wollen bzw. müssen, ist mühsame Handarbeit angesagt.

Warum WordPress?

WordPress hat sich mittlerweile unter Bloggern und darüber hinaus als führende Blog-Software etabliert. Das bringt zahlreiche Vorteile mit sich. Weil die Software so populär ist, bieten viele Webhoster sie mittlerweile sogar standardmäßig auf ihren Webservern an. Dann entfällt sogar die Installation und Sie müssen WordPress nur noch aktivieren.

Aber auch wenn die Installation noch nötig sein sollte, ist das keine wirkliche Hürde. WordPress lässt sich auch von technisch nicht Versierten einfach auf einem Webserver installieren. Die Bedieneroberfläche, die Sie über den Webbrowser erreichen, erschließt sich Laien mit etwas Software- und Publikationserfahrung relativ schnell. Auch umfangreichere Designänderungen lassen sich ziemlich intuitiv bewerkstelligen.

> Achten Sie darauf, dass Sie eine vollwertige WordPress-Version erhalten, auf der Sie volle Administratorrechte haben. Wenn Sie WordPress der Einfachheit halber direkt bei wordpress.com betreiben, können Sie die Software nicht voll umfänglich nutzen.

WordPress ist eine sog. Open-Source-Software. Das heißt, der Quelltext des Programms liegt für jeden zugänglich vor. Konkret bedeutet dies, dass weltweit Hunderte oder Tausende von Programmierern die Blog-Software permanent weiterentwickeln. Das gilt insbesondere auch für Programmergänzungen, sog. Plug-ins, die den Leistungsumfang von WordPress für spezielle Anwendungsfälle erweitern. Sie lassen sich der WordPress-Installation hinzufügen.

Mit Plug-ins können Sie z. B. zusätzliche Sicherheitsfunktionen einbauen, Back-ups erledigen, also Datensicherungen durchführen, Fotogalerien verbessern, die Auffindbarkeit für Suchmaschinen optimieren, Shops integrieren, Newsletter für Ihre Leser anbieten usw. Es gibt fast für jeden denkbaren Anwendungsfall das passende Plug-in.

Die große Popularität von WordPress sorgt auch dafür, dass meist sofort Hilfe verfügbar ist, wenn es Probleme gibt. Entweder wird man auf den deutschen Hilfe-Seiten der Software fündig, oder man schreibt die Frage einfach in den Suchmaschinenschlitz. Wer in Facebook unterwegs ist und gerne an seiner WordPress-Installation schraubt, sollte auch den entsprechenden Facebook-Gruppen beitreten. Dadurch, dass WordPress sogar die Updates mittlerweile automatisiert hat, müssen Sie selbst zur Wartung gar nichts mehr tun. Lediglich Back-ups sind unbedingt empfohlen, da Sie sonst vielleicht auf die Sicherungen Ihres Webhosters zurückgreifen müssen, was teuer werden kann.

Der Blog des Autors unter der URL pflugblatt.de – verwendet wurde ein Standard-Theme für das Layout

Bedenken Sie: Je mehr Sie WordPress individualisieren, also von Standards abweichen, je tiefer Sie in die Programmstruktur und in Dateien eingreifen, desto kritischer werden Updates, sei es von WordPress selbst oder Ihrem Theme oder den Plugins. Bleiben Sie also am besten bei einem kostenlosen Standard-Theme, wenn Sie nicht tiefer in die Materie einsteigen wollen. Auch bei der Einbindung von Plug-ins sollten Sie immer versuchen, so wenig wie möglich zu ändern. Finden Sie einen Kompromiss zwischen Ihrem Wunsch, sich individuell zu präsentieren, und der einfachen Wartbarkeit des WordPress-Blogs. Wenn Sie mit jedem Update Plug-ins, WordPress-Dateien usw. manuell anpassen müssen, beansprucht vielleicht sonst irgendwann die Technikpflege mehr Ihrer Zeit als die Inhalte des Blogs. Das kann zwar auch ein Hobby oder sogar eine Berufung werden, hat aber dann nicht mehr unbedingt etwas mit Social Media zu tun.

> WordPress ist natürlich nicht die allein glücklich machende Lösung. Es gibt durchaus gute Alternativen dazu. Vor allem professionelle Webseitenbauer verwenden oft auch Drupal und Typo3. Beide Varianten sind eigentlich keine Blog-Software, sondern echte Content-Management-Systeme für komplexe Webseiten.

Wie Google Ihre Inhalte findet

Facebook, LinkedIn, Medium, Tumblr & Co. haben jeweils eine eigene technologische Plattform. Veröffentlichen Sie dort Beiträge, beeindruckt das die Suchmaschinen eher weniger: Selbst wenn Sie z. B. auf LinkedIn Pulse fleißig Beiträge verfassen, kann es sein, dass Google Sie dort praktisch nicht findet. Einfach deshalb, weil der Suchroboter von Google, der ständig das Internet durchforstet, mit der Technik von LinkedIn nicht so gut zurechtkommt wie mit einer Webseite, die zu 100 Prozent auf Internet-Standards beruht. Am besten für Google geeignet dürfte die hauseigene Blog-Plattform blogger.com sein.

SEO: die Suchmaschinenoptimierung

Die Sichtbarkeit für den Suchroboter lässt sich verbessern, wenn Sie selbst Einfluss auf die Inhalte und die Darstellung der Webseite nehmen können, etwa mit einem Blog auf Ihrer eigenen Domain. Wer Sie oder Ihr Thema in Google sucht, wird Sie dann schneller und leichter finden. Für die sog. Suchmaschinenoptimierung (im Englischen: Search Engine Optimization, kurz: SEO) gibt es bei der Blog-Software WordPress Plug-ins, also Software-Ergänzungen. Diese Tools geben Ihnen ganz genau darüber Auskunft, ob Ihre geplante Veröffentlichung gut vom Google-Suchroboter gelesen werden kann. Das ist die kleine Schule der Suchmaschinenoptimierung von Texten. Die große Schule ist es, wenn Sie sich mit speziellen Werkzeugen darüber schlau machen, welche Suchworte, auch Keywords genannt, bei Google zu Ihrem Thema passen und besonders häufig gesucht werden – z.B. mit dem Google Keyword Planner. Wenn Sie diese Keywords in Ihren Beiträgen veröffentlichen, erhöht sich die Wahrscheinlichkeit weiter, dass man Sie bei Google gut findet.

Auf einen Blick: Überzeugen mit eigenen Beiträgen

- Wollen Sie Ihre Freunde und Follower nachhaltig von Ihrer beruflichen Kompetenz überzeugen, müssen Sie ihnen regelmäßig etwas bieten. In Ihren sozialen Netzwerken sind Sie gleichzeitig Autor, Chefredakteur, Herausgeber und Verleger.

- Wer beruflich mit seiner Social-Media-Präsenz punkten möchte, greift am besten auf Informationen zurück, die so aktuell und in seiner Branche noch so unbekannt sind, dass sie für die Leser einen echten Mehrwert bilden.

- Wertvolle und berichtenswerte Inhalte liefern RSS-Dienste, Newsletter und die Newsrooms von Unternehmen.

- Wer Spaß am Schreiben eigener Beiträge hat, sollte über einen Blog nachdenken. Ein guter Blog, der die Fachwelt mit Informationen versorgt, ist Gold wert, wenn es um die berufliche Reputation geht.

Social Media im Unternehmen

Social Media bestimmen immer mehr auch unseren Berufsalltag. Viele Unternehmen haben mittlerweile erkannt, dass auch sie von den neuen Plattformen profitieren können und befürworten es daher, wenn sich ihre Mitarbeiter dort tummeln.

In diesem Kapitel erfahren Sie u. a.,

- ob Ihr Arbeitgeber Sie zwingen kann, in den Social Media aktiv zu werden,
- wie es gelingt, auf den Plattformen Privates von Beruflichem zu trennen,
- wie Sie sich am besten mit Kollegen, Chefs, Kunden und Geschäftspartnern vernetzen.

Social-Media-Account: Kür oder Pflicht?

Was tun, wenn Ihr Arbeitgeber von Ihnen verlangt, dass Sie auf XING, Facebook oder auf einer anderen Plattform aktiv werden? Darf er das überhaupt? Auf diese Frage gibt es keine eindeutige Antwort, da es jeweils auf die unterschiedlichen Rahmenbedingungen ankommt, unter denen ein Mitarbeiter arbeitet. Wie weit das sog. Weisungs- und Direktionsrecht des Arbeitgebers reicht, hängt von vielen Faktoren ab.

Schwierig wird es bei Social Media insbesondere, da auf vielen Plattformen eine eindeutige Trennung zwischen beruflicher und privater Nutzung nicht (mehr) möglich ist. Ihr Arbeitgeber darf aber eigentlich nicht in Ihre Privatsphäre eingreifen. Die folgenden Überlegungen helfen Ihnen dabei, für sich selbst eine Leitlinie zu finden bzw. gemeinsam mit Ihrem Arbeitgeber einen Weg zur Klärung dieser Fragestellungen zu entwickeln.

- Angestellte in PR-, Marketing- und Kommunikationsabteilungen können am ehesten dazu verpflichtet werden, Social Media zu nutzen. Üblicherweise besteht in diesen Abteilungen die Aufgabe darin, Außenkommunikation zu betreiben oder zumindest zu organisieren. Social Media sind mittlerweile sehr wichtig für die Unternehmenskommunikation geworden, so dass Sie sich in diesen Branchen zwangsläufig mit ihnen aktiv auseinandersetzen müssen. Wenn Sie die Online- oder Social-Media-Kommunikation Ihres Unternehmens verantworten, so z. B. zuständig sind für die Pflege von Unternehmensseiten auf LinkedIn, XING oder Facebook, sollte es eigentlich selbstverständlich sein, dass man Sie persönlich ebenso auf Social Media findet. Social Media sind schließlich Ihr Job und somit kann Ihr Arbeitgeber eine gewisse Präsenz dort von Ihnen erwarten. In vielen Fällen ist ein eigenes Profil sogar die Voraussetzung dafür, überhaupt auf Firmen-Accounts bei den Plattformen zugreifen zu können.

- Wenn Sie nun aber in der Fertigung oder in anderen Unternehmensbereichen arbeiten, die praktisch nie direkten Kontakt mit Kunden und Interessenten haben, und auch sonst in Ihrem Tagesgeschäft kaum Außenkontakte für die Firma pflegen, wird man Sie nicht dazu verpflichten können, Social-Media-Kanäle anzulegen, die Sie im Auftrag Ihrer Firma nutzen.

BEISPIEL

Wenn Sie etwa in der Fotobranche beschäftigt sind, ist es heutzutage sicherlich hilfreich, wenn Sie auf Instagram, Flickr, fotocommunity.de, EyeEm oder 500px präsent sind. Auch wenn auf diesen Plattformen viele private Inhalte veröffentlicht werden, kann Ihr Arbeitgeber wohl erwarten, dass Sie sich damit auskennen.

Im deutschsprachigen Raum wird meistens noch angenommen, dass Facebook vornehmlich für private Zwecke genutzt wird bzw. die Vermischung mit privaten Inhalten dort am wenigsten ausgeschlossen werden kann. Daher darf man davon ausgehen, dass Arbeitnehmer in der Regel nicht zu einer Präsenz auf dieser Plattform verpflichtet werden können. Auch das hängt aber sicherlich vom Tätigkeitsfeld und der Branche ab.

Privates von Beruflichem trennen

Die schwierige Trennung zwischen Privatem und Beruflichem auf Social-Media-Plattformen war schon des Öfteren Thema in diesem TaschenGuide. Doch wie lässt sich diese Trennung am besten vollziehen? Ist sie überhaupt möglich bzw. überhaupt notwendig? Diese Fragen stellen sich vor allem Arbeitnehmern, die sowohl privat als auch zu beruflichen Zwecken in Social Media unterwegs sind. Um für Ihre Online-Reputation ein möglichst stringentes Bild von sich zu schaffen, sollten Sie davon absehen, mit mehreren Profilen auf einer Plattform präsent zu sein. Überlegen Sie sich lieber, ob Sie nicht verschiedene Plattformen für verschiedene Zwecke nutzen. Dann könnten Sie etwa im Profil angeben: »Hier nur privat unterwegs, beruflich folgen Sie mir bitte auf ...«. Damit sehen zwar auch berufliche Kontakte private Inhalte, es ist dann aber klargestellt, dass die Kanäle unterschiedlichen Zwecken dienen.

BEISPIEL

Wenn Sie Fotograf sind, könnten Sie auf 500px Ihr berufliches Portfolio aus hochwertigen Profifotos veröffentlichen, während man auf Instagram nur schnelle Smartphone-Schnappschüsse von Ihnen findet.

Wenn Sie im Familien- oder Freundeskreis »unter sich« bleiben wollen, benötigen Sie eine Plattform, mit der das möglich ist. Instagram lässt es z. B. zu, seinen Account auf »privat« umzustellen. Dann müssen Sie jeden Follower genehmigen und können so individuell entscheiden, wer Ihre Bilder sehen darf und wer nicht. Viele der Social-Media-Effekte durch das Liken, Teilen und Kommentieren gehen damit allerdings verloren. Vielleicht kommen Sie auch zu dem Ergebnis, dass eine klare Trennung zwischen dem Beruflichen und Privaten gar nicht erforderlich ist. Das folgende Beispiel zeigt eine gelungene Mischung zwischen beiden Bereichen.

BEISPIEL

Wie eng sich Privat- und Berufsleben miteinander verknüpfen lassen, zeigt das Beispiel von Lena Rogl, seit 2016 Head of Digital Channels bei Microsoft in Deutschland. Microsoft, gegründet im Jahr 1975, zählt mit Sicherheit zu den bekanntesten, aber auch ältesten Großunternehmen der IT-Branche. Besonders erfolgreich ist die Marke Microsoft durch die gelungene Verknüpfung von Produkten für den Privat- und den Unternehmensbereich: von der X-Box, der Spielekonsole, über das weit verbreitetste Office-Paket der Welt auf Privat-PCs und Firmenrechnern, bis hin zu Datenbanken und Software für Unternehmensanwendungen. Lena Rogl war in München bereits vor ihrer Tätigkeit für Microsoft sehr engagiert in sozialen Medien unterwegs. Zudem hat sie, als Community Managerin von Focus Online kommend, auch ein Händchen für den Auftritt in der Internet-Öffentlichkeit. Auf ihrem Twitter-Account @LenaRogl trennt sie erkennbar nicht (mehr) zwischen persönlichen und beruflichen Themen: Sie berichtet von Sprüchen ihrer Kinder, erzählt vom Stress als Mutter und veröffentlicht einige Stunden später ein Bild aus einer Besprechung bei ihrem Arbeitgeber Microsoft. Mit dem Microsoft-Projekt #Schichtwechsel, das sie im Mai 2016 begleitete, hat sie sich offenbar bewusst dazu entschieden, diese Mischung in die Öffentlichkeit zu tragen. Den Begriff Schichtwechsel nutzt Microsoft als Schlagwort, um die neuen Arbeitsformen, die das Unternehmen aktiv fördert, bekannt zu machen. Dazu zählen das Arbeiten von zu Hause (natürlich am besten mit Soft- und Hardware von Microsoft), flexible Arbeitszeiten durch Vertrauensarbeitszeit und die aktive Förderung von Frauen und Arbeitnehmern mit Familie. Lena Rogl ist durch ihre Art, wie sie im Social Web kommuniziert, das lebende Beispiel für die Umsetzung dieser neuen Arbeitswelt. Sie steht damit als Mitarbeiterin von Microsoft auch mit dem öffentlich gemachten Teil ihres Privatlebens für eine höchst glaubwürdige Umsetzung dieser Unternehmensbotschaften.

Twitter: @LenaRogl / Suchbegriffe: Microsoft, #Schichtwechsel

Geheim oder öffentlich?
Welche Infos Sie (nicht) posten sollten

Bei der Frage, welche Inhalte Ihres Unternehmens Sie veröffentlichen oder liken dürfen oder sollten, gibt es Einiges zu beachten. Auch hier spielt wiederum die Wanderung auf dem schmalen Grat zwischen Beruflichem und Privatem eine Rolle. Wenn Sie im Vertrieb arbeiten, kann Ihr Arbeitgeber heutzutage eigentlich erwarten, dass Sie auch in sozialen Business-Netzwerken unterwegs sind. Wenn Ihr Arbeitgeber Ihnen dort einen Premium-Zugang bezahlt, ist es offensichtlich, dass er will, dass Sie dort für ihn tätig werden. Dementsprechend sollten Sie dort Aktuelles, Informationen, Termine und Hintergrundmaterial zu Ihrem Arbeitgeber veröffentlichen, sofern die Inhalte für die Öffentlichkeit bestimmt sind.

Wenn Sie sich im beruflichen Kontext auf Social-Media-Plattformen äußern, berücksichtigen Sie zunächst immer Ihre Position im Unternehmen. Die Aussagen eines Mitglieds der Geschäftsleitung haben anderes Gewicht als die Kommentare eines Angestellten. Das gilt auch in Social Media. Wenn sich der Entwicklungschef zur Zukunft von Produkten auslässt, hat das mehr Glaubwürdigkeit, als wenn ein Vertriebsmitarbeiter in schönen Worten darüber spricht. Bei börsennotierten Unternehmen gelten außerdem spezielle Regeln: Öffentliche Äußerungen können zu Spekulationen über die Stärke und Position einer Firma führen und damit zu Aktienkäufen- oder -verkäufen anregen. Kunden können aber auch über Statements zu zukünftigen Produkten verunsichert werden. Sollten Sie in einem börsennotierten Unternehmen beschäftigt sein, informieren Sie sich unbedingt in der Kommunikationsabteilung oder bei Investor Relations, welche Regeln für die Kommunikation gelten.

Vorgefertigte Posts

Unternehmen, die das Engagement der Mitarbeiter auf Social Media strategisch unterstützen wollen, setzen dafür mittlerweile sogar entsprechende Programme im Intranet ein. Dort stellen sie bereits vorgefertigte Posts passend für viele Social-Media-Plattformen zur Verfügung, die Mitarbeiter dann nur noch weiterverbreiten müssen. Dies kann manchmal sogar automatisiert passieren, wenn Sie Ihre persönlichen Social-Media-Kanäle mit der entsprechenden Software Ihres Unternehmens verbinden. Der Vorteil dieser internen Plattformen für Sie als Mitarbeiter ist, dass Sie ganz sicher sein können, dass die entsprechenden Beiträge veröffentlicht werden dürfen und sollen. Zweifel oder Nachfragen sind so nicht mehr notwendig. Sie brauchen sich dann keine Gedanken mehr darüber zu machen, wie Sie Ihren Arbeitgeber in Social Media unterstützen können. Auch die Vorteile für Unternehmen sind offensichtlich: Mitarbeiter, die sich sonst nicht für ihren Arbeitgeber auf Social Media engagieren würden, können das nun ganz einfach mit einem Mausklick tun. Zudem wird nur veröffentlicht, was das Unternehmen bzw. die Abteilung für Marketing- und/oder Öffentlichkeitsarbeit für wichtig hält.

Es gibt aber auch einen ganz klaren Nachteil dieser Verfahrensweise: Vorgefertigten Beiträgen fehlt der persönliche Touch, da sie von vielen Mitarbeitern genutzt werden müssen. Sie sind zwar inhaltlich korrekt, wirken aber meist langweilig. Falls Ihr Unternehmen Ihnen solche Konserven-Beiträge für die Nutzung in Social Media anbietet, können Sie überlegen, ob Sie diese Angebote durch Ergänzungen oder neue Formulierungen Ihrem privaten Stil anpassen und damit die persönliche Note beibehalten. Erkundigen Sie sich jedoch vor der Veröffentlichung, ob das Unternehmen damit einverstanden ist.

Beobachten Sie Kollegen oder Mitarbeiter anderer Unternehmen, denen Sie folgen, und versuchen Sie zu erkennen, ob sie vorgefertigte oder individuelle Veröffentlichungen posten. Sie werden feststellen, dass das leicht zu unterscheiden ist. Folgen Sie mehreren Mitarbeitern aus demselben Unternehmen, verrät Ihnen der immer gleiche Wortlaut, dass es sich um einen vorgefertigten Post handelt. Lassen wir es hier einfach dahingestellt, ob das für das Unternehmen gut oder schlecht ist. Oft kommt einer Firma nur darauf an, wie oft ein Beitrag weiterverbreitet wurde. Wenn es aber um das persönliche Engagement und die Glaubwürdigkeit des Einzelnen in Social Media geht, fallen diejenigen zurück, die lediglich das weiterleiten oder teilen, was ihnen vom Unternehmen vorgefertigt angeboten wird. Wie bereits mehrfach betont, entscheidet im Social Web auch Individualität über die Reputation. Umgekehrt gilt auch: Wenn Kunden und Interessenten merken, dass die Mitarbeiter quasi gezwungen werden, die Veröffentlichungen des eigenen

Unternehmens zu liken und zu sharen, wirkt das auch nicht besonders vorteilhaft für das Unternehmen selbst. Ideal ist es dagegen, wenn Sie als Mitarbeiter so von Ihrem Unternehmen und seinen Produkten überzeugt sind, dass Sie selbst Beiträge verfassen und in Social Media teilen. Und genau dazu sollten Unternehmen ihre Mitarbeiter motivieren.

Kollegen und Chefs

Ist man verpflichtet, sich mit Kollegen und auch Vorgesetzten in sozialen Netzwerken zu befreunden und ihnen zu folgen? Diese Frage wird immer wieder heiß diskutiert. Auch hier gibt es kein Schwarz und kein Weiß, sondern viele Graustufen, je nachdem, welche Gepflogenheiten und welche unternehmens- und branchenspezifischen Besonderheiten gelten.

Kontaktaufnahme über XING und LinkedIn

Wenn Ihr Unternehmen XING oder LinkedIn für den beruflichen Einsatz fördert, unterstützt und sogar eine Premium-Mitgliedschaft finanziert, sollten Sie es nicht ablehnen, sich dort auch mit Kollegen und Vorgesetzten zu verbinden. Allerdings gilt auch hier, dass es keinen Sinn macht, sich mit jedem Mitarbeiter aus dem Telefonverzeichnis der Firma zu vernetzen. Wenn Sie Social Media sinnvoll für sich nutzen wollen, dann sollten Sie es auch innerhalb Ihres Unternehmens vermeiden, Kontakte zu knüpfen, für die offensichtlich kein direkter Anlass besteht. Das ist meist auch gar nicht nötig, denn für die Kontaktpflege innerhalb der Firmen gibt es inzwischen Intranets, die heute oft Social Media schon sehr nahekommen

Auch im eigenen Unternehmen sollten Sie den Aufbau der Kontakte also an persönliche Begegnungen knüpfen. Vernetzen Sie sich z. B. mit Kollegen, mit denen Sie gemeinsam über Abteilungsgrenzen an Projekten gearbeitet haben oder die Sie auf internen Veranstaltungen kennengelernt haben. Das ist eine nachvollziehbare und begründbare Vorgehensweise, die man unabhängig von Position, Funktion und Rollen von Kollegen anwenden kann. Ergänzen Sie die Kontaktanfrage mit einer persönlichen Nachricht und gehen Sie kurz auf den Anlass der Kontaktaufnahme ein.

Natürlich ist es nicht ratsam, eine Kontaktanfrage von einem Vorgesetzten abzulehnen. Wenn es sich aber um jemanden aus dem Unternehmen handelt, mit dem Sie bisher noch nie zu tun hatten, darf man auch dann durchaus freundlich nachfragen, ob es einen Anlass für die Kontaktaufnahme gibt.

> Nutzen Sie Social Media nie für interne berufliche Anliegen oder Sachfragen. Solche Angelegenheiten sollten Sie besser über vertraulichere Kanäle via Telefon oder E-Mail klären. Firmeninterna gehören nach Möglichkeit nicht in ein externes Netzwerk.

Was tun bei Facebook-Kontaktanfragen von Kollegen?

Schwieriger ist die Frage zu beantworten, wie man sich verhalten soll, wenn Kollegen und Vorgesetzte außerhalb der Business-Netzwerke über Social Media Kontakt aufnehmen wollen. Hier lohnt ein Vergleich mit dem realen Leben: Auch dort haben Sie private Kontakte zu Kollegen und Vorgesetzten, die unterschiedlich intensiv sind. Manchen werden Sie nur mitteilen, dass Sie in Urlaub gehen, und dann nicht einmal die Rückfrage bekommen, wohin Sie die Reise führt. Anderen werden Sie ausführlich von Ihren Planungen erzählt haben. Mit der ersten Gruppe wollen und brauchen Sie keine Urlaubsbilder zu teilen, mit der zweiten wäre das durchaus denkbar. Genauso ist es, wenn Sie aus dem Urlaub zurückkehren: Einige werden nur sagen: »Auch wieder da!«, andere hingegen werden sich ausführlich erkundigen und Sie werden Ihnen dann die Fotos aus den Ferien zeigen. Auf Facebook können Sie fast genauso verfahren. Sie können dort z. B. die Freundesgruppe »Bekannte« einrichten, in der Sie eine Auswahl von Urlaubsbildern auch mit Kollegen teilen. Alle Urlaubsbilder sollen dagegen nur die Mitglieder der Gruppe »Familie« sehen. Bei Plattformen wie Twitter oder Instagram ist das anders. Hier können Sie einem »Folgen« in der Regel nicht zustimmen, sofern Sie Ihren Account nicht auf »privat« gestellt haben. Wenn Sie die Kanäle nicht ausschließlich beruflich nutzen, hilft dann nur die Devise weiter: »Persönliches, aber nichts Privates veröffentlichen!«

Kunden und Geschäftspartner

Fördert Ihr Unternehmen die Kontaktpflege über Social-Business-Netzwerke wie XING und LinkedIn, wird natürlich auch vorausgesetzt, dass Sie sich mit (möglichen) Kunden vernetzen. Grundsätzlich gilt: Die sozialen Netzwerke sind keine Werbeplattformen. Wer Kontaktanfragen mit rein werblichen Inhalten verschickt, erhält erstens darauf sicherlich keine Antwort, zweitens muss er mit Schwierigkeiten seitens der Plattformbetreiber rechnen. Am besten ist es, eine Kontaktanfrage via XING & Co. erst zu schicken, wenn bereits ein persönliches Gespräch oder ein E-Mail-Kontakt mit dem potenziellen Kunden zustande gekommen ist und Sie merken, dass der Kunde an einer Geschäftsbeziehung interessiert ist.

Grundsätze für die Kontaktaufnahme mit Kunden
▪ Machen Sie keine plumpe Werbung.
▪ Reden Sie Ihren Konkurrenten nicht schlecht.
▪ Bleiben Sie transparent und fair.
▪ Beachten Sie, dass für die Nutzung persönlicher Adressen und Kontakte das strenge deutsche Datenschutzgesetz gilt. Sie dürfen Kontakte, die der Verwendung ihrer Daten zu Werbezwecken nicht ausdrücklich und nachweislich zugestimmt haben, nicht einfach in Ihre Interessentendatenbank übertragen.
▪ Verstehen Sie die Offenheit anderer in Social Media nicht als Einladung für ein knallhartes Vertriebsgespräch. So funktionieren Social Media nicht.

Geschäftspartner, mit denen Sie im Berufsalltag zusammenarbeiten, so z. B. Zulieferbetriebe oder Berater, können in Ihrem Netzwerk indirekt für Sie genauso wichtig sein wie Kunden. Scheuen Sie sich also nicht vor einer Vernetzung. Seien Sie aber auch hier nicht beliebig, machen Sie die Kontaktaufnahme im Einzelnen von gemeinsamen Projekten oder Kunden abhängig. Wenn Sie einen Anlass haben sich zu vernetzen, tun Sie es.

Vor allem bei Mitarbeitern anderer Unternehmen, mit denen eine Kooperation nicht ausgeschlossen erscheint, kann es sogar interessant sein, Kompetenzen oder Erfahrungen über persönliche Profile herauszufinden. Möglicherweise entdecken Sie auf diese Art jemanden, der ein vergleichbares Kundenprojekt schon einmal unterstützt hat oder der bereits eine Lösung für eine Anfrage Ihres Kunden parat hat. Eine Recherche auf einem Social Network kann eventuell sogar schneller sein und zu konkreteren Ergebnissen führen, als wenn man sich von der Telefonzentrale zum richtigen Ansprechpartner durchfragen muss. Gegen eine erste informelle Kontaktanfrage mit einer Andeutung, worum es geht, ist nichts einzuwenden. Wenn es dann jedoch konkreter wird, sollten Sie auf die klassischen Kommunikationsmittel wie Telefon und E-Mail zurückkommen oder ein persönliches Treffen vereinbaren. Dies vor allem, um den Vertraulichkeitspflichten gegenüber Ihrem Arbeitgeber gerecht werden zu können, die auf externen Social Networks nicht einzuhalten sind.

Exkurs: Wenn vertrauliche Dinge ausgetauscht werden

Vor allem im Kontakt mit Kunden und Geschäftspartnern über Social Networks sollten Sie darauf achten, dass konkrete geschäftliche Dinge über einen vertraulicheren Kanal abgewickelt werden. Zahlreiche Netzwerke und Plattformen bieten mittlerweile die Möglichkeit an, sich über private Nachrichten auszutauschen. Die Funktion wird bei Facebook »persönliche Nachricht« genannt, oft PN abgekürzt, während sie bei Twitter »Direct Message«, kurz: DM, heißt. Damit Teilnehmer auf Twitter, die sich nicht gegenseitig folgen, private Nachrichten austauschen können, muss die Option explizit von beiden aktiviert sein. Anderenfalls funktioniert der Austausch von nicht für andere sichtbaren Informationen nur, wenn sich beide folgen. Selbst Instagram verfügt nunmehr über eine Funktion, um sich mit anderen Teilnehmern exklusiv auszutauschen, beispielsweise zu einem Bild, das nicht jeder sehen soll. Eine Direktansprache in Business-Angelegenheiten ist etwa dann vorstellbar, wenn sich aus den konkreten Aktivitäten im jeweiligen Netzwerk ein sofortiger Anlass für den Beginn einer Kommunikation ergibt. Das kann dann sein, wenn Sie Informationen auf Twitter oder Bilder auf Instagram gesehen haben, zu denen Sie mehr wissen wollen, ohne es öffentlich zu machen. Auch wenn Sie feststellen, dass jemand, der Sie interessiert, im Moment viel auf einem Kanal unterwegs ist, beispielsweise live von einer Veranstaltung twittert, kann es sich anbieten, ihn über Twitter direkt zu kontaktieren. Es ist vorstellbar, dass Telefon und

E-Mail in so einer Situation nicht zur sofortigen Reaktion führen, da vom anderen mit voller Konzentration ein spezieller Kanal bedient wird.

Ergibt sich aus der ersten Kontaktaufnahme weiterer Gesprächs-bedarf, sollten Sie dann zügig auf die gewohnten Kanäle, wie etwa E-Mail, wechseln. Dort sind Ihre Nachrichten definitiv si-cherer als auf einer fremden Plattform. Außerdem können Sie dort Nachrichten archivieren und sind nicht beschränkt, was Umfang und Anhänge angeht. Geht es um einen geschäftli-chen Kontakt, sind Sie als Arbeitnehmer sowieso verpflichtet, Ihren Schriftverkehr baldmöglichst gemäß den firmeninternen Regeln zu dokumentieren, spätestens dann wird kein Weg an E-Mail vorbeiführen.

Darf man Kontaktanfragen ablehnen?

Kontaktanfragen, die aus einem beruflichen Kennenlernen resultieren, sollten Sie in einem Business-Netzwerk wie XING oder LinkedIn auf jeden Fall annehmen. Wenn die Erinnerung an das Treffen noch frisch ist, wird sich derjenige, der die Anfrage gestellt hat, sonst wundern, warum Sie die Anfrage ablehnen. Schlimmstenfalls wird er das als Desinteresse an seiner Firma, seinen Produkten oder gar an seiner Person interpretieren.

Anders ist es, wenn Sie eine Anfrage über ein Netzwerk erhal-ten, das Sie nur privat nutzen. Hier können Sie die Kontaktan-frage elegant »umleiten«. Facebook-Freundschaftsanfragen von

Kunden und Geschäftspartnern können Sie mit dem Hinweis ablehnen, dass Sie beruflich ausschließlich auf XING oder LinkedIn unterwegs sind. Damit sich der Abgelehnte dadurch nicht zurückgestoßen fühlt, sollten Sie ihm Ihrerseits so schnell wie möglich über XING oder LinkedIn eine Kontaktanfrage schicken.

Kann man Kontakte löschen?

Technisch gesehen kann man Kontakte natürlich auch löschen. Überlegen Sie jedoch sehr gut, ob Sie das wirklich tun sollten. Schließlich beruht die Idee eines sozialen Netzwerks ja darauf, dass man es laufend erweitert und sich daraus langjährige Verbindungen ergeben.

Überlegen Sie sich, dass auch andere ihr Netzwerk als digitale Visitenkartensammlung nutzen. Vielleicht wird man sich nach Jahren einmal wieder an Sie erinnern. Denken Sie daran, dass sich alte, brachliegende Kontakte auch wiederauffrischen lassen. Dazu zählen neben regelmäßigen, interessanten Status-Updates von Ihnen auch Treffen im wirklichen Leben. So können Sie z. B. mitteilen, dass Sie sich im Auftrag Ihrer Firma auf einer Veranstaltung befinden. Vielleicht ergibt sich ja so der Anlass für ein persönliches Wiedersehen.

Wenn Sie dann trotz allem noch einen Grund finden, einen Kontakt zu löschen, können Sie das ganz unkompliziert tun. Die Netzwerke dokumentieren die Löschung von Kontakten nicht öffentlich als Ereignis in der Timeline. Das heißt, weder Ihre weiter bestehenden Kontakte, noch der gelöschte Kontakt werden über die Lösung der Verbindung informiert. Der gelöschte Kontakt kann allenfalls nach einiger Zeit feststellen, dass er keine Status-Updates mehr von Ihnen sieht. Mit der Löschung eines Kontakts werden bei LinkedIn auch alle gegenseitigen Empfehlungen und Bestätigungen gelöscht. Bei LinkedIn kann nur derjenige, der den Kontakt gelöscht hat, ihn wiederaufnehmen. Auch bei Facebook kann man Freunde entfernen, ohne dass diese über die Löschung informiert werden. Überlegen Sie jedoch zunächst, ob es Ihnen nicht ausreicht, die Benachrichtigungen auszuschalten.

Wenn Sie sich unsicher sind, was im Falle des Löschens eines Kontakts passiert, lesen Sie auf den Hilfeseiten des jeweiligen Netzwerks nach und verifizieren Sie über eine Google-Suche, ob es negative Erfahrungen damit gibt.

Umgang mit Kritik und Beschwerden

Geschäfte werden zwischen Menschen gemacht – an dieser Regel ändert auch das Zeitalter der Social Media nichts. Im Gegenteil: Dank sozialer Medien sind Sie besser sichtbar, werden leichter gefunden und sind besser zu kontaktieren. Wer eine Frage an ein Unternehmen hatte, musste früher zum Telefonhörer greifen, sich zum richtigen Sachbearbeiter durchstellen lassen und hoffen, dass er überhaupt anwesend war und Zeit für ein Gespräch hatte. Im Social Web ist das anders: Hier ist alles transparenter, andere Kunden lesen mit und profitieren von dort geposteten Lösungen für Probleme. Dementsprechend offen, kommunikativ und hilfsbereit sollten Sie sich im Kundenkontakt per Social Media zeigen. Das gilt erst recht dann, wenn Sie es mit verärgerten oder frustrierten Kunden zu tun haben. Engagieren Sie sich für die Lösung einer Kundenbeschwerde. Manchmal reicht es dazu schon, wenn Sie dazu auf den richtigen Servicekontakt hinweisen. Das zeigt auch anderen, dass man mit Ihnen gute Geschäfte machen kann. Wechseln Sie jedoch rechtzeitig auf direkte Kommunikationsmittel wie E-Mail und Telefon, wenn vertrauliche Details besprochen werden.

So reagieren Sie richtig bei Beschwerden

Im Servicefall, wenn ein Kunde ein Problem mit einem der Produkte oder den Dienstleistungen Ihrer Firma in Social Networks öffentlich macht oder Sie womöglich direkt, als Repräsentant des Unternehmens anspricht, empfiehlt sich folgende Vorgehensweise:

1. Lassen Sie sich nicht auf öffentlich sichtbare Diskussionen ein. Betonen Sie klar und deutlich, dass Sie die Veröffentlichung der Kritik, des Fehlers oder des Problems gesehen haben. Äußern Sie sich jedoch nicht zum konkreten Anlass. Meistens lässt sich aufgrund der Kürze der Beiträge das Problem ohnehin nicht genau nachvollziehen.

2. Verweisen Sie öffentlich auf die korrekten Servicekanäle für solche Fälle. Nennen Sie am besten dazu auch gleich konkrete Service-Telefonnummern oder -E-Mail-Adressen oder offizielle Webseiten Ihres Unternehmens. Verbreiten Sie je-

doch keine persönlichen Kontakte oder interne Telefonnummern über öffentliche Kanäle.

3. Wenn sich nach einer Antwort herausstellt, dass der Kunde dort schon erfolglos nachgefragt oder recherchiert hat, sagen Sie ihm zu, sich persönlich um die Angelegenheit zu kümmern. Beachten Sie, dass Sie damit quasi ein öffentliches Versprechen eingehen.

4. Versuchen Sie dann in einen direkten, vertraulichen Kontakt mit dem Kunden zu kommen. Über seine Social-Media-Profile oder eine Google-Suche sollten Sie eine Kontaktmöglichkeit via E-Mail oder sogar Telefon finden.

5. Haben Sie es geschafft, den Fall aus der Öffentlichkeit zu ziehen, sollten Sie Ihr Versprechen auch einlösen: Kümmern Sie sich um das Problem. Im Zweifelsfall fragen Sie selbst im Service oder Vertrieb nach, warum der Kunde verärgert ist. Sorgen Sie dafür, dass die zuständigen Kollegen dem Kunden auch wirklich weiterhelfen.

6. Läuft die Problemlösung oder ist das Problem bereits behoben, können Sie nun auch wieder öffentlich werden. Teilen Sie Ihren Freunden und Followern ruhig mit, dass Sie sich des Problems angenommen haben, mit dem Kritiker in Kontakt sind und die Zuständigen in Ihrem Unternehmen nach einer Lösung suchen oder sie bereits gefunden haben. Das stärkt Ihre Reputation und das Ansehen Ihres Unternehmens in der (Social-Media-)Öffentlichkeit.

Wenn der Fall gelöst ist (oder wird), haben Sie wahrscheinlich noch einen zufriedenen Kunden mehr; idealerweise teilt er seine Zufriedenheit über Ihr Engagement und Ihr Unternehmen auch der Öffentlichkeit mit. Bessere Werbung als zufriedene Kunden gibt es nicht.

Schlimmstenfalls lässt sich der Kritiker nicht beruhigen, sei es, weil sein Problem nicht lösbar ist, oder weil es sich um einen notorischen Querulanten handelt. Diese sog. Trolle gibt es leider auch in Social Media. Hier sollten Sie versuchen, sich selbst aus der Diskussion zurückzuziehen. Überlassen Sie die Sorge um den Troll den Profis, gegebenenfalls Ihrer Abteilung für Service oder Unternehmenskommunikation. Wenn sich zeigt, dass weitere Diskussionen nicht zielführend sind, kann manchmal sogar auch schlichtes Ignorieren für Ruhe sorgen. Viele Trolle ziehen weiter, wenn man nicht mehr auf sie reagiert. Versuchen Sie in jedem Fall zu erreichen, dass Sie und Ihr Unternehmen aus der Diskussion unbeschadet hervorgehen. Lassen Sie sich daher auf keinen Fall provozieren und zu unsachlichen Äußerungen hinreißen.

Leitplanken für Arbeitnehmer: Social-Media-Richtlinien

Das Internet ist über Mobilfunk und Hotspots jederzeit verfügbar. Ob am Arbeitsplatz oder unterwegs per Tablet und Smartphone – überall können Mitarbeiter online gehen und sich in die sozialen Netzwerke einloggen. Das birgt sowohl Risiken als auch Chancen.

Es sollte für alle Beteiligten deutlich sein, wie das Unternehmen zu Social Media steht und wie es sich den Umgang seiner Mitarbeiter damit vorstellt. Nicht nur aus Unternehmenssicht, sondern auch aus der Perspektive von Angestellten vereinfacht es die Nutzung von Social Media erheblich, wenn klar und transparent kommuniziert wird, was erlaubt und was verboten ist. Einen guten Dienst leisten hier unternehmensinterne Social-Media-Richtlinien. Bei diesen Richtlinien, im Englischen: Guidelines, geht der Trend mittlerweile dahin, Mitarbeiter zu motivieren, Social Media im Sinne des Unternehmens einzusetzen. Man sieht dagegen immer mehr davon ab festzuhalten, was auf Facebook & Co. verboten und unerwünscht ist. Statt Angst davor zu haben, dass Mitarbeiter schlecht über das Unternehmen reden und Geheimnisse ausplaudern, sollten sie als positive Botschafter für das Unternehmen gewonnen werden. So können Mitarbeiter durch ihre eigene Reputation dazu beitragen, das Ansehen und die Sichtbarkeit eines Unternehmens zu erhöhen.

Was die Richtlinien regeln sollten

Sofern es in Ihrem Unternehmen keine Social-Media-Richtlinien gibt und Sie unsicher sind, was Sie als Mitarbeiter dürfen, sollen und müssen, sollten Sie mit Vorgesetzten und unter Einbindung der Abteilung für Unternehmenskommunikation anregen, solche Richtlinien einzuführen. Fordern Sie dabei aber nicht Regeln und Verbote, sondern Transparenz und Motivation für das Engagement von Mitarbeitern auf Social Media. Machen Sie den Verantwortlichen deutlich, dass eine Kontrolle von Mitarbeiterbeiträgen in Social Media mühsam bzw. nahezu unmöglich ist und dass stattdessen positive Unterstützung gegeben werden sollte. Das zahlt sich letztlich nicht nur für Sie als Mitarbeiter, sondern auch für das Unternehmen selbst aus.

Welche Aspekte in den Social-Media-Richtlinien geklärt werden sollten, zeigt Ihnen die folgende Übersicht.

Empfehlenswerte Inhalte in Social-Media-Guidelines

- Wer sind die Ansprechpartner, an die sich Mitarbeiter bei Fragen rund um die Social Media im Unternehmen wenden können (z. B. Unternehmenskommunikation, Rechtsabteilung)?

- Welche offiziellen Social-Media-Präsenzen hat das Unternehmen und wer ist dafür verantwortlich?

- Was ist im Umgang mit Social-Media-Plattformen am Arbeitsplatz und an unternehmenseigenen Endgeräten wie PC, Notebook und Smartphone erlaubt? Die Arbeitsverträge und die Social-Media-Richtlinien sollten sich in dem Punkt nicht widersprechen.

- Gibt es Unternehmensbereiche oder Themen, die für Social Media tabu sind, die dort nicht von Mitarbeitern kommuniziert werden dürfen? Das kann relevant werden, wenn es um Geheimprojekte (z. B. militärische), zukünftige Entwicklungen (z. B. Planungen für neue oder erweiterte Produkte) oder sehr umstrittene Vorhaben (z. B politisch heikle Großbauten) geht.

- Welche generellen Verhaltensregeln für Social Media gibt es?

- Was passiert, wenn Mitarbeiter gegen die Verhaltensregeln verstoßen?

Empfehlenswerte Inhalte in Social-Media-Guidelines

- Wo finden Mitarbeiter Inhalte, die für die aktive Veröffentlichung genutzt werden können (z. B. Unternehmensblog, Newsroom, Referenzberichte, Intranet)?
- Bei börsennotierten Unternehmen müssen besondere Kommunikationsrichtlinien eingehalten werden, da sich Veröffentlichungen auf den Aktienkurs auswirken können.

Vereinbarungen zur Internet- und E-Mail-Nutzung

Wer in Social Media unterwegs ist, nutzt natürlich zwangsläufig das Internet. Auch über den Umfang dieser Nutzung sollte Klarheit zwischen Mitarbeiter und Unternehmen geschaffen werden. Die private Internet-Nutzung über firmeneigene Endgeräte sollte in entsprechenden Vereinbarungen begleitend zum Arbeitsvertrag geklärt werden. Dazu gehören etwa auch mit dem Betriebsrat abgestimmte Regeln, was die Überwachung des Internetverkehrs und den Zugang zu persönlichen E-Mail-Fächern angeht. Generell gilt hier: Ein Unternehmen darf die Internet-Aktivitäten seiner Mitarbeiter nicht permanent überwachen. Nur wenn es konkrete Verdachtsmomente gibt, dass einzelne Mitarbeiter häufiger und in größerem Umfang gegen Internet-Verbote verstoßen, darf der Arbeitgeber »ermitteln«.

Auch die Nutzung von E-Mail-Programmen für private Zwecke sollte ausdrücklich geregelt sein. Sobald der Arbeitgeber das Senden und Empfangen privater Mails über einen beruflichen Account gestattet, darf er sich nur mit Zustimmung des Inhabers der Postfächer Zugang verschaffen und dann auch nur Mails lesen, die beruflich veranlasst sind. Wie diese Trennung praktisch vonstattengehen soll, ist nicht geklärt. Deshalb gilt: im Zweifelsfall lieber keine vertraulichen privaten Mails vom Firmen-Account aus schicken und nach Möglichkeit auch nicht dort empfangen.

Auf einen Blick: Social Media im Unternehmen

- Viele Arbeitgeber haben den Nutzen von Social Media für berufliche Zwecke erkannt und fördern es, wenn sich ihre Mitarbeiter dort tummeln. Ein Zwang, dort aktiv zu werden, besteht für Arbeitnehmer allerdings nicht.

- Oft vermischt sich Berufliches und Privates im Netz. Wer dies nicht möchte, sollte seine Privatsphäre-Einstellungen neu justieren und überlegen, ob er ein Netzwerk ausschließlich privat nutzt und berufliche Kontaktanfragen dort auf ein anderes Netzwerk umleitet.

- Vorsicht mit unternehmensrelevanten Informationen: Prüfen Sie vor deren Veröffentlichung in Social Media, ob Sie auch wirklich nach außen dringen dürfen.

- Social Media bergen Chancen, aber auch Risiken für Unternehmen. Damit Arbeitnehmer wissen, was erlaubt und erwünscht ist, sind klare Richtlinien zum Umgang mit den sozialen Netzwerken nötig.

Karrieresprungbrett Social Media

Sind Sie auf der Suche nach einem neuen Job?
Das Social Web kann zum Karriereturbo werden,
wenn man die Chancen, die sich dort bieten,
richtig nutzt.

In diesem Kapitel erfahren Sie u.a., wie

- Sie in der Bewerbungsphase mit Ihren
  Social-Media-Profilen punkten,

- Sie in den sozialen Medien Ihren Wunsch-
  arbeitgeber finden,

- Sie mit Ihren Social-Media-Aktivitäten Geld
  verdienen können.

Selbstmarketing in Social Media

Nicht nur Bewerber um einen neuen Job recherchieren im Internet, welches Unternehmen zu ihnen passen könnte. Umgekehrt passiert das Gleiche: Bewerben Sie sich bei einem Unternehmen, werden Personalverantwortliche gründlich prüfen, ob Sie das, was Sie in Ihren Bewerbungsunterlagen versprechen, in Social Media auch halten. Das ist Grund genug, vor dem Start in die Bewerbungsphase zu prüfen, ob Ihre Social-Media-Aktivitäten ein richtiges und stimmiges Bild von Ihnen spiegeln, und zwar eines, das Sie selbst auch wünschen.

Trimmen Sie Ihre Profile auf Bewerbung

- Überlegen Sie im Vorfeld der Bewerbungsphase, ob Sie sich die Veröffentlichungsmöglichkeiten von LinkedIn, so z.B. Pulse für Beiträge, und Slideshare für Präsentationen zunutze machen können (siehe hierzu auch das Kapitel »Präsentieren mit Slideshare«). Wenn Sie rechtzeitig dran sind, können Sie dort eventuell noch einige Beiträge online stellen, ohne dass die Nähe zur Bewerbung allzu offensichtlich wird.

- Achten Sie unbedingt darauf, dass Ihre öffentlich einsehbaren Profile in der Bewerbungszeit aktuell sind. Das schließt auch ein Profilbild ein, das nicht zu sehr von dem in Ihrer Bewerbung abweicht.

- Denken Sie auch darüber nach, Profile, die ein potenzieller Arbeitgeber nicht finden soll, in den Privatsphäre-Einstellungen von öffentlich auf privat zu stellen, etwa bei Facebook. Die Status-Updates können dann nur von Ihren Freunden eingesehen werden.

- Heben Sie bei XING und LinkedIn Stationen in Ihrem Lebenslauf hervor, die für potenzielle Arbeitgeber besonders interessant sind. Denken Sie auch daran, dort relevante Auszeichnungen und Veröffentlichungen zu erwähnen.

- Machen Sie sich bewusst, dass auch im Bewerbungsgespräch Fragen mit Bezug zu Ihren Social-Media-Aktivitäten kommen können. Sie sollten also Ihre Profile und das, was Sie kürzlich dort veröffentlicht haben, ausreichend kennen, um nicht überrascht zu werden.

- Scheuen Sie sich nicht, Kollegen, Kunden und Partner, mit denen Sie sich gut verstehen und die Ihre Arbeit schätzen, um Empfehlungen zu bitten. Insbesondere LinkedIn bietet die Möglichkeit, sich Kenntnisse bestätigen zu lassen oder Empfehlungsschreiben zu veröffentlichen. Auch wenn auf LinkedIn viel automatisiert erfolgt, zeugt es trotzdem von Ihren guten Verbindungen, wenn sich auch in diesem Bereich auf Ihrem Profil ab und zu etwas tut. Denken Sie daran, dass Sie umgekehrt auch anderen einen Gefallen tun können, wenn Sie hin und wieder mal schnell per Mausklick Erfahrungen oder die Zusammenarbeit bestätigen. Achten Sie aber immer darauf, dass Ihr Engagement im glaubwürdigen Rahmen bleibt.

Um einer Personalabteilung unnötiges Googeln zu ersparen und sie gleich auf die richtigen Profile zu leiten, sollten Sie in Ihrer Bewerbung mindestens den Link zu einem Profil in dem von Ihnen bevorzugten Social-Business-Network angeben. So gehen Sie sicher, dass die Personaler auch gleich auf dem richtigen Profil landen und nicht irrtümlicherweise auf dem von Verwandten oder Namensvettern.

Wenn die Social-Media-Präsenz zur Bewerbungsmappe wird

Wer sich bei Internet-Start-ups bewirbt oder Social Media zu seinem Beruf machen will, z. B. als Social Media Manager, Community Manager oder Web-Entwickler, kann darüber nachdenken, seine präferierte Plattform als Bewerbungsunterlage zu benutzen. Das kann eine Bewerbung, die klassisch in der Textverarbeitung geschrieben und gestaltet wurde und dann als PDF per Mail verschickt wird, ersetzen.

Die Bandbreite der technischen Möglichkeiten ist vielfältig: Sie kann reichen von einem einfachen Download von Unterlagen über einen Cloudspeicher, wie Dropbox, bis hin zu einem durchinszenierten Video, das auf YouTube einsehbar ist. Dazwischen liegen noch die gestaltete und/oder animierte PowerPoint-Bewerbung, der Aufbau einer speziellen, eventuell passwortgeschützten Webseite, die Nutzung von ebenfalls mit einem Passwort versehenen Seiten etwa auf dem eigenen Blog, oder das Verwenden unbekannterer Online-Präsentationstools wie Prezi – ein Tool, das grafisch sehr ansprechend ist, aber viel Übung im Umgang erfordert (https://prezi.com/).

Alle Präsentationsformen einer Bewerbung, die über das Beschreiben einer leeren Seite hinausgehen, haben den Nachteil, dass sie inszeniert werden müssen. Damit sind sie in der Planung und Umsetzung einigermaßen aufwendig. Überlegen Sie gut, ob es sich wirklich lohnt, statt einer ordentlichen klassischen Bewerbung als PDF die Mühe einer Filmproduktion oder einer animierten Präsentation auf sich zu nehmen. Videos, Präsentationen und animierte Webseiten sollten Sie als Bewerber nur dann einsetzen, wenn Sie über ausreichend Erfahrung damit verfügen, so dass das Ergebnis den Anforderungen entspricht. Webdesigner oder Social-Media-Experten können hier natürlich entsprechend punkten.

Vergessen Sie bei aller Kreativität nicht: Eine solche Bewerbung sollte für die Personalabteilung möglichst einfach handhabbar sein. Es stellen sich praktische und organisatorische Fragen, so z. B. wie die Vergleichbarkeit mit anderen Bewerbungen, die digitale Weiterleitung und Ablage, der Datenschutz und der Schutz der Privatsphäre (sofern die Bewerbung öffentlich ist) sichergestellt werden können.

> Wenn Sie sich für alternative Bewerbungsformen interessieren, suchen Sie am besten im Web danach. Geben Sie als Suchbegriffe die jeweilige Plattform ergänzt um das Stichwort »Bewerbung« ein. Sie finden dann mit Sicherheit ein paar öffentlich zugängliche Beispiele und Muster, etwa auch auf Karriereblogs.

Sie können Ihre Bewerbungsunterlagen im Internet auch in zwei Teile aufspalten.

1. So könnten Sie einen öffentlich zugänglichen Teil auf einer Webseite anbieten, der von jedermann eingesehen werden kann. Diesen Part können Sie auch nutzen, um Ihre Bewerbung über Ihre Social-Media-Kanäle zu verbreiten. Üblich ist ein solches Verfahren mittlerweile vor allem bei Bewerbern für Stellen im Social-Media-Umfeld. Sie machen auf ihre Stellenanzeige damit in den Timelines ihrer Freunde und Follower aufmerksam. Diese können die Bewerbung wiederum einfach weiter teilen. Wenn man Social Media beruflich oder halbberuflich nutzt, ist das bis zu bestimmten Positionen sicherlich hilfreich, da berufliche Kontakte innerhalb der Branche somit gezielt angesprochen werden. Der öffentliche erste Teil der Bewerbung auf Ihrer Webseite erspart Interessenten einen Zwischenschritt: Sie können gleich entscheiden, ob sie mit Ihnen ins Gespräch kommen wollen.

2. Sind für den weiteren Verlauf der Bewerbungsphase noch zusätzliche Informationen und Unterlagen erforderlich, können Sie diese auf dem nicht-öffentlichen Bereich einer Webseite, von einem Passwort geschützt, zugänglich machen. Dort können Sie etwa Ausbildungs- und Arbeitszeugnisse

hinterlegen oder Arbeitsproben, die vertraulich behandelt werden müssen.

Idealerweise bieten Sie die wesentlichen Unterlagen auch als PDF zum Herunterladen an. Viele Personalabteilungen benötigen diese Form, um den internen Prozessen bei Bewerbungsverfahren gerecht zu werden.

Neuer Job per Mausklick: Stellenportale

Das Internet hat die Suche nach neuen Mitarbeitern komplett verändert: Waren bis in die 2000er Jahre die Tageszeitungen am Wochenende noch kiloschwer mit Stellenanzeigen gefüllt, sind heute die Stellenportale im Netz an deren Stelle getreten.

Im Internet ist alles »immer nur einen Mausklick entfernt«. Das gilt im Prinzip auch für Ihren neuen Job. Neben den großen Platzhirschen wie Monster, JobScout oder StepStone tummeln sich noch zahlreiche kleinere Stellenportale im Internet. Viele davon haben eine branchenorientierte Ausrichtung, wie etwa Hotelcareer oder foodjobs. meinestadt und kalaydo sind Beispiele für Jobportale, die regionsspezifisch ausgerichtet sind und trotzdem unter den Großen mitspielen können. kalaydo ist stark vor allem mit Jobangeboten aus den Bundesländern Nordrhein-Westfalen, Rheinland-Pfalz und Hessen.

All diesen Portalen ist gemein: Sie können in den Suchmasken nach passenden Stellenausschreibungen suchen. Wenn Sie dort ein interessantes Inserat gefunden haben und Ihre Bewerbungsunterlagen in digitaler Form parat haben, können Sie sich praktisch direkt bewerben.

Bevor Sie Ihren Hut in den Ring werfen und Ihre Bewerbungs-unterlagen rausschicken, sollten Sie allerdings noch einen Zwischenschritt im Social Web einlegen: Stöbern Sie in Arbeit-geberbewertungsportalen, ob sich dort etwas über das Unter-nehmen findet, das die Stelle ausgeschrieben hat.

Bewertungsportale: Wissenswertes zu Arbeitgebern

Arbeitgeberbewertungsportale sind, wie viele ähnliche etwa für Reisen, Ärzte, Krankenhäuser, Universitäten oder Lehrer, ein typisches Phänomen des Social Web. Im Unterschied zu den Social-Media-Angeboten, die auf persönliche Kommunikation oder Vernetzung ausgelegt sind, findet bei diesen Portalen die Bewertung meist anonymisiert oder teilanonymisiert statt. Das heißt, entweder ist gar keine Registrierung erforderlich, oder sie ist zwar nötig, aber bei der Anzeige der Bewertung für die Nutzer nicht sichtbar. Ohne Registrierung arbeitet kun-unu, das im deutschsprachigen Raum führende Arbeitgeberbe-wertungsportal (https://www.kununu.com). Bei anderen, wie z. B. meinChef.de oder Jobvote, ist eine Registrierung per Mail erforderlich. Der Name wird aber bei der Veröffentlichung der Bewertung nicht angezeigt.

Genießen Sie die Bewertungen mit Vorsicht

Die Bewertungen in den Portalen sind, wie viele andere Rankings im Internet auch, mit einer gewissen Zurückhaltung zu betrachten. Alle Bewertungsportale behalten sich zwar vor, die Angaben zu prüfen und Verstöße gegen Bewertungsrichtlinien mit einer Löschung der Bewertung zu ahnden. Dennoch gibt es immer mal wieder unentdeckte Schmähkritik oder unsachliche Aussagen über das Arbeitsklima und die Vorgesetzten bei bestimmten Firmen. Für einige Nutzer sind Bewertungsportale offenbar der Ort, wo sie im Schutz der Anonymität über ihre ehemaligen Arbeitgeber einmal so richtig Dampf ablassen können. Engagierte Unternehmen, denen ihre Reputation am Herzen liegt, erreichen entweder eine Löschung der Bewertung, wenn sie den Richtlinien nicht entspricht, oder sie können eine Stellungnahme dazu abgeben.

Der Marktführer: kununu

In Deutschland durchgesetzt hat sich letztlich nur kununu. Ein Blick auf die Zahl der abgegebenen Bewertungen bei den anderen Portalen zeigt selbst für Großunternehmen nur einstellige Werte. Wie ernst diese Einzelmeinungen zu nehmen sind, ist fraglich. Durchschnittswerte auf dieser Basis anzugeben, ist eigentlich unseriös.

Das für Bewerber kostenlose kununu gehört mittlerweile zu XING. Sein Geschäftsmodell beruht darauf, dass sich Unternehmen gegen Zahlung eines Entgelts auf der Plattform als Arbeitgeber präsentieren können. Die Plattform ist damit insbesondere für Berufseinsteiger und bei der Suche nach einem Ausbildungsplatz interessant, da hier die Selbstdarstellung der Unternehmen und die Fremdeinschätzung quasi direkt nebeneinanderstehen. Die Geschäftsbedingungen für Unternehmen, die sich auf kununu präsentieren, sehen eine strikte Trennung zwischen der Unternehmensdarstellung und den Bewertungen vor. Alles andere wäre auch geschäftsschädigend, denn das wertvollste Gut für die Bewertungsportale sind ihre Nutzer. Wenn diese nicht mehr an unabhängige Bewertungen glaubten und deswegen wegblieben, wäre das Geschäftsmodell zum Scheitern verurteilt.

Bewertungen richtig einschätzen

Wenn Sie auf der Suche nach einem Arbeitgeber die Bewertungsportale konsultieren, sollten Sie auf die folgenden Punkte achten:

- Wie hoch ist die Zahl der abgegebenen Bewertungen im Vergleich zur gesamten Mitarbeiterzahl des Unternehmens?

- Lässt sich aus der Anzahl der Bewertungen ein seriöser Durchschnittswert ableiten? Liegen nur fünf Bewertungen vor, reichen vier negative, um das Unternehmen schlecht aussehen zu lassen. Eine Abteilung unzufriedener Mitarbeiter kann vermutlich ziemlich schnell vier Kollegen motivieren, eine schlechte Bewertung abzugeben. Wenn Großunternehmen, die über mehrere Standorte verteilt sind, Hunderte von Bewertungen bekommen haben, ist die Wahrscheinlichkeit einer derartigen Manipulation eher gering.

- Versuchen Sie, eine Bewertung kritisch zu lesen. Will da jemand nur »schnell etwas loswerden« oder wird versucht, konstruktive Kritik zu üben? Handelt es sich um viele, viele Kleinigkeiten oder werden fundamentale Kritikpunkte geäußert?

- Lesen Sie auch die Bewertungen in den einzelnen Kategorien gründlich: Vielleicht ist ein hohes Gehalt für Sie gar nicht so wichtig, wenn der Kollegenzusammenhalt und die Work-Life-Balance stimmen.

- Versuchen Sie Bewertungen zu finden, zu denen offizielle Stellungnahmen des Unternehmens vorliegen. Auch wie man mit Kritik auf einem Bewertungsportal umgeht, ist schließlich eine Aussage über ein Unternehmen und dessen Kultur.

Wenn Sie selbst Ihren Arbeitgeber bewerten

Die deutsche Mentalität ist für ihre Zurückhaltung bekannt, wenn es darum geht, eigene Meinungen öffentlich zu vertreten. Dabei können Kommentare und Bewertungen für andere oft eine große Hilfe sein. Das gilt nicht nur, wenn es um Produkte geht, sondern erst recht für die Einschätzung von Unternehmen als Arbeitgeber.

Auch für Ihr Unternehmen kann eine Bewertung Vorteile bringen: Sucht Ihr Arbeitgeber noch nach erfahrenen Arbeitskräften oder engagiertem Nachwuchs, kann eine ehrliche Bewertung auf einem Bewertungsportal vielleicht helfen, Bewerber zu überzeugen. Hier einige Grundsätze, die Sie beachten sollten, wenn Sie selbst auf Bewertungsportalen aktiv werden wollen:

- Bleiben Sie immer sachlich, auch wenn es schwerfällt.

- Schreiben Sie nur das auf, was Sie selbst erlebt haben. Gerüchte oder »Fakten« aus dritter Hand gehören nicht in Bewertungen.

- Auch Beleidigungen schaden – nicht nur dem Unternehmen, sondern letztlich auch Ihnen, falls der Beleidigte rechtliche Schritte dagegen einleitet.

- Veröffentlichen Sie Bewertungen nie spontan, wenn Sie sich gerade sehr geärgert haben, sondern schlafen Sie am besten eine Nacht darüber, bevor Sie sie online stellen. Das gibt Ihnen Zeit, Dinge mit mehr Abstand zu sehen.

- Lassen Sie die Bewertung, wenn möglich, von einem guten Kollegen querlesen.

- Versuchen Sie bei Ihrer Bewertung nicht nur an Negatives zu denken, sondern schreiben Sie auch positive Aspekte auf.

- Verlangen Sie, wenn Sie über das Portal nach Verbesserungsvorschlägen gefragt werden, nicht das Blaue vom Himmel, sondern machen Sie lieber einen konstruktiven Vorschlag. Wenn anhand einer Skala Einzelaspekte des Arbeitsplatzes bewertet werden sollen, denken Sie nicht nur an das Optimum, sondern bleiben Sie realistisch.

> Sofern Sie z. B. auf kununu eine sachliche und seriöse Bewertung abgeben, können Sie davon ausgehen, dass Ihre Anonymität gewahrt bleibt.

Das Social Web als Stellenbörse

Nicht nur Stellenportale sind ein Weg, um via Social Media an den Traumjob zu gelangen. Auch andere Social-Media-Kanäle dienen als Stellenbörse, sowohl aus Arbeitnehmer- als auch aus Arbeitgebersicht. Vor allem in den sozialen Business-Netzwerken wie XING und LinkedIn sind viele Personalberater unterwegs, die für Firmen dort gezielt nach geeigneten Mitarbeitern suchen.

Damit Unternehmen und deren Personaldienstleister auf Sie aufmerksam werden, sollten Sie Ihr berufliches Profil möglichst umfassend und aussagekräftig darstellen. Scheuen Sie sich dabei nicht, von den US-Amerikanern zu lernen: Schönen Sie nichts und täuschen Sie auf gar keinen Fall, aber überlegen Sie, ob interessante Details Ihrer Karriere für Außenstehende nicht doch noch ein wenig plakativer betont werden könnten. Zu einem wirksamen Selbstmarketing gehört auch die Beteiligung in Gruppen und Diskussionen, in die Sie Ihr Fachwissen einbringen können. Das überzeugt zukünftige Arbeitgeber und Personalvermittler davon, dass Sie sich im Fachgebiet auskennen und obendrein auch noch kommunikationsfähig und engagiert sind.

Wer unbedingt gefunden werden will, dem sei auch das Netzwerk Google+ empfohlen. Da es von Google betrieben wird, ist davon auszugehen, dass Aktivitäten dort in irgendeiner Form Einfluss auf die Suchergebnisse bei Google haben.

Webinare zur Fort- und Weiterbildung

Für die Karriere und die persönliche Weiterentwicklung sind Fort- und Weiterbildungen unverzichtbar. Dafür muss es nicht unbedingt der mehrtägige Schulungsaufenthalt im Tagungshotel weitab vom Arbeitsplatz sein – für manche Themen ist das sicher wünschenswert und erforderlich, anderes lässt sich aber heutzutage problemlos vom Schreibtisch aus vor dem Bildschirm lernen.

Zahlreiche Anbieter von Socia-Media-Plattformen und -Werkzeugen bieten Schulungen online an. Dazu gehören beispielsweise das Tool Hootsuite zur Verwaltung mehrerer Social-Media-Kanäle, und HubSpot, die Automatisierungs-Plattform für Online-Marketing und auch Facebook. Da sich die Schulungen hierfür vornehmlich an Entwickler oder Marketing-Mitarbeiter richten, die für Werbeschaltungen und neue Anwendungen sorgen sollen, sind sie oftmals technik- oder marketinglastig. Dennoch sind insbesondere die Grundlagenkurse zu empfehlen, da sie für das Verständnis der Funktionsweise der jeweiligen Plattform oder der Anwendung hilfreich sind. Wenn man die mehrteiligen Kurse, meistens als Video zum Abruf, absolviert und einen Online-Test besteht, bekommt man sogar ein Zertifikat. Eine kleine Qualifikation, die vielleicht den Ausschlag bei Gehaltsverhandlungen, einer Bewerbung oder einem Kontakt über ein Social Network geben kann.

Online lernen mit MOOC

Online-Learning ist übrigens mittlerweile ein nicht zu unterschätzender Bestandteil des Internets geworden. Viele Universitäten rund um die Welt bieten sog. MOOCs an, Massive Open Online Courses, also praktisch offene Vorlesungen für alle. Dabei wird unterschieden zwischen reinen Vortragsformaten und solchen, bei denen sich die Teilnehmer untereinander austauschen müssen, da sich der zentrale Dozent technisch gesehen nicht mit allen vernetzen kann. MOOCs bieten interessante Angebote für den Bereich Social Media, aber möglicherweise auch zur Weiterbildung in Ihrer Branche.

Social Media als zusätzliche Einnahmequelle?

Immer wieder ist von YouTubern oder Bloggern zu lesen, die mit ihrem Auftritt in Social Media angeblich Millionen verdienen. Auch Erfolgsgeschichten von Fotografen, die über Instagram reich und berühmt geworden sind, gehen hin und wieder durch die Presse. Und so überlegen viele, wie sie aus ihren Social-Media-Aktivitäten Profit schlagen können.

Werbung auf Website oder Blog

Eine Möglichkeit, Geld mit dem eigenen Internet-Auftritt zu verdienen, ist es z. B., Werbung auf Ihrem Blog zu platzieren. Das ist mit relativ einfachen Mitteln und ohne außergewöhnliche technische Fähigkeiten möglich. Bewerkstelligen lässt sich das z. B. sehr einfach mit Google Adsense: Nach der Einbindung eines Programmcodes werden damit von Google automatisch Werbeeinblendungen auf Ihrer Webseite angezeigt. Klickt einer Ihrer Besucher auf die Werbung dort, werden Sie dafür bezahlt. Der Vorteil dabei ist, dass Sie, bis auf die Einbindung des Programmcodes, nichts weiter tun müssen. Der entsprechende Code, mit dem die Werbung auf Ihrer Seite angezeigt wird, wird Ihnen von Google zur Verfügung gestellt. Er lässt sich einfach per Copy and Paste in die Programmzeilen Ihrer Webseite einfügen.

Damit Sie den Programmcode bekommen, ist lediglich eine Registrierung bei Google Adsense notwendig. Google ist weltweit einer der größten Vermittler von Werbung im Internet. Es gibt hierzu einige vergleichbare Angebote, die mittlerweile ähnlich einfach zu bedienen sind, etwa von Plista.

Insider sprechen davon, dass eine Webseite mindestens 10.000 Seitenaufrufe pro Monat erzielen muss, damit sich über diesen Weg wenigstens geringe Einnahmen erzielen lassen.

Der Aufwand, in seiner Freizeit, also nebenberuflich, eine Webseite oder einen Blog zu betreiben, der kontinuierlich Nutzerzahlen wenigstens im unteren fünfstelligen Bereich erzielt, ist enorm. Die Erlöse aus dieser Art von Werbung stehen dazu eher nicht im Verhältnis.

Auch Amazon ist mit verschiedenen Werbemöglichkeiten rund um seine Einkaufsplattform aktiv. Sie können etwa Produkte oder Produktkategorien bewerben und ebenso einfach wie bei Google Adsense via gelieferten Programmcode direkt in Ihren Blog oder eine andere Webseite einbinden.

Als Amazon Werbepartner, auch Affiliate genannt, können Sie in Ihren Blog-Texten beispielsweise auch Links direkt auf die Produktseite von Amazon setzen. Der Vorteil dabei: Sie erhalten Provision auf alle Einkäufe, die nach diesem Klick vom Leser bei Amazon getätigt werden. Auch diese Werbeformen versprechen Einnahmen, sind jedoch extrem von den Besucherzahlen Ihrer Webseite abhängig und dürften daher bei normalem Engagement nicht über ein Taschengeld hinausgehen.

Sponsored Posts: Werbung in Beiträgen

Blogger sind gerne gesehene Partner für Unternehmen, weil sie üblicherweise eine hohe Glaubwürdigkeit bei ihren Lesern besitzen und authentisch, also frei von werblichen Anklängen, in ihren Blogs persönliche Erfahrungen schildern.

Und trotzdem haben sich unter Bloggern mittlerweile auch Werbeformen wie Kooperationen oder Sponsored Posts etabliert.

Bei einem Sponsored Post handelt es sich üblicherweise um einen Beitrag, den ein Blogger verfasst hat, weil er von einem Unternehmen dafür bezahlt wurde, oder weil er ein Produkt zur Verfügung gestellt bekommen hat, um es auszuprobieren.

Wenn Sie in einem Blog die Begriffe »Anzeige«, »Sponsored Post«, »mit Unterstützung von« finden, können Sie davon ausgehen, dass Unternehmen diese Beiträge direkt oder indirekt bezahlt haben. Diese Kenntlichmachungen sind gesetzlich vorgeschrieben, um Schleichwerbung – also Werbung, die vom Leser, Hörer oder Zuschauer nicht als solche erkannt werden kann – einen Riegel vorzuschieben. Leider halten sich nicht alle Blogger daran.

> Lesen Sie im Zweifelsfall einen Beitrag nochmal genau nach und verifizieren Sie die Angaben über andere Infoquellen, falls Sie sich nicht sicher sind, ob es sich nicht doch um Werbung handelt.

Die meisten erfolgreichen Blogger betonen, wie wichtig ihnen Unabhängigkeit, Ehrlichkeit, Transparenz und Authentizität sind. Nachprüfbar ist in den seltensten Fällen, ob ein Blogger einen Beitrag aus freien Stücken geschrieben hat; hier ist Vertrauen erforderlich. Verspielt ein Blogger das Vertrauen seiner Leser, werden ihm allerdings auch schnell die Werbepartner ausgehen.

Um einen Blog in den Suchergebnissen von Google auf die vordersten Seiten zu bringen, ist tägliches Engagement erforderlich. Dabei geht es nicht nur darum, regelmäßig neue Inhalte zu veröffentlichen. Vielmehr müssen Sie im Wettbewerb mit anderen Blogs und Webseitenbetreibern bestehen. Schließlich möchte jeder von ihnen bei Google ganz vorne im Ranking sein. Das bedeutet aber, dass Sie Ihre Inhalte praktisch täglich verbessern und an die sich ständig verändernde Konkurrenzsituation anpassen müssen.

Nur bei konstant hohen Besucherzahlen wird Ihre Webseite oder Ihr Blog auch für Werbetreibende interessant. Unterschätzen Sie aber nicht den Aufwand, der erforderlich ist, einen erfolgreichen Blog (oder eine Webseite oder einen Online-Shop) und daraus abgeleitet ein erfolgreiches Geschäft zu betreiben. Als Festangestellter in Vollzeit ist damit wohl kaum ein nennenswertes Zusatzeinkommen zu erzielen – schon gar keines, das den dafür notwendigen Aufwand aufwiegt.

Was Sie als Arbeitnehmer beachten sollten

Ihr Arbeitgeber ist natürlich daran interessiert, dass Sie Ihre gesamte Arbeitskraft in den Dienst des Unternehmens stellen. Nebentätigkeiten sehen Arbeitgeber deswegen nicht gerne. Ganz ausschließen dürfen sie sie aber nicht. So kann Ihnen Ihr Chef nicht verbieten, mit einem Blog, den Sie ausschließlich in Ihrer Freizeit pflegen, Geld zu verdienen. Anders sieht es aus, wenn Sie Ihr Blog auch während der Arbeitszeit beschäftigt. Im Büro müssen Sie sich voll und ganz Ihrem Job widmen. Damit das gewährleistet ist, kann ein Unternehmen seinen Mitarbeitern sogar die Internetnutzung während der Arbeitsstunden verbieten.

Auf einen Blick: Karrieresprungbrett Social Media
▪ Sind Sie auf der Suche nach einem neuen Job, sollten Sie Ihre Social-Media-Profile überprüfen, aktualisieren und optimieren. Arbeitgeber recherchieren mittlerweile auch dort, ob ihnen ein Bewerber zusagt.
▪ Das Social Web ist zur Stellenbörse geworden: Es gibt Plattformen, die sich auf Stellenangebote spezialisiert haben. Bewertungsportale geben Bewerbern Auskunft darüber, in welchem Unternehmen sich eine Bewerbung lohnt. Headhunter suchen in den Business-Netzwerken nach geeigneten Kandidaten.
▪ Nicht nur neue Jobs findet man in Social Media, auch Fort- und Weiterbildungskurse gibt es mittlerweile online.
▪ Reich werden mit sozialen Netzwerken? Nur Wenigen gelingt es, die eigene Präsenz so auszubauen, dass sie zum einträglichen Job wird.

Vorsicht Fallen

In Social Media ist fast alles möglich. Zulässig muss es damit noch lange nicht sein, denn das Internet ist, auch wenn es manchmal so scheinen mag, kein rechtsfreier Raum. Nur derjenige, der die wesentlichen juristischen Fallstricke kennt, kann sie auch umgehen.

In diesem Kapitel erfahren Sie u. a.,

- wie Sie Ihre Social-Media-Präsenz mit fremden Inhalten füllen können, ohne dafür belangt zu werden,
- wie Sie Diskussionen und Kritik unbeschadet überstehen,
- wie Sie Ärger mit Ihrem Arbeitgeber vermeiden,
- warum Links ein Risiko sind.

Die Faustregel

Es gibt drei Grundprinzipien, die Ihnen immer bewusst sein sollten, wenn Sie in Social Media unterwegs sind:

1. Das Internet ist kein rechtsfreier Raum, nirgendwo.

2. Das Internet vergisst nichts.

3. Plattformen und Anwendungen im Internet sind keine Bank-
   schließfächer, deren Schlüssel nur Sie besitzen. Tagtäglich
   werden professionelle Webseiten gehackt und Passwörter
   gestohlen oder abgegriffen. Verlassen Sie sich besser nicht
   darauf, im Internet für immer anonym bleiben oder Geheimnisse 100 Prozent sicher »verstecken« zu können.

BEISPIEL

> Gelöschte Webseiten bleiben im Google-Archiv erhalten. Tweets las-
> sen sich mittlerweile bis ins Jahr 2006 zurückverfolgen. Wer Ihnen
> Böses will, kann mit einem Mausklick innerhalb von Sekunden ein
> Bildschirmfoto von einem Beitrag machen, den Sie gleich wieder ge-
> löscht haben. Es kann schlimmstenfalls gegen Sie verwendet werden.

Halten Sie sich deshalb an die Faustregel, im Internet nur das
zu tun oder zu veröffentlichen, was Sie auch offline im »echten
Leben« öffentlich machen oder über sich preisgeben würden.
Wenn Sie nach dieser Grundregel handeln, während Sie sich
durch das Internet klicken, haben Sie viele Fallen und Fettnäpfchen bereits umgangen.

Dieses Kapitel will, kann und darf keine Rechtsberatung im Einzelfall ersetzen. Es liefert Ihnen jedoch Hinweise darauf, welche Aspekte rechtlich besonders heikel sind bzw. werden können und wann Sie sich Rat von Profis, z. B. von einem Rechtsanwalt, holen sollten.

Nutzungsbedingungen der Social-Media-Plattformen

»Ich habe die AGB gelesen.« – Wie oft setzen wir neben diese Aussage ein Häkchen, wenn wir uns irgendwo im Internet registrieren, ohne auch nur einen Blick in die oft seitenlangen Formulare geworfen zu haben. Dabei ist es mehr als nur lohnenswert, sich solche Allgemeinen Geschäftsbedingungen von Anbietern bzw. die Nutzungsbedingungen von Plattform-Betreibern genauer anzusehen. Nur wenn Sie wissen, unter welchen Bedingungen Sie ein Angebot nutzen, können Sie sich vor unangenehmen Konsequenzen schützen. Es gilt: Unwissen schützt nicht vor Strafe. Gibt es irgendwann Schwierigkeiten, können Sie sich also nicht darauf berufen, diese Regelwerke in Wirklichkeit ja gar nicht gelesen zu haben. Sobald Sie den Bedingungen zugestimmt haben, sind Sie daran gebunden. Diese Bindung entfiele nur, wenn Sie die Regelungen vor Gericht erfolgreich angreifen können, indem Sie beweisen, dass sie unwirksam sind. Doch das kostet Zeit und noch mehr Geld.

Lesen Sie die Nutzungsbedingungen, bevor Sie sich auf den Portalen registrieren. Auch wenn Sie nicht alles von dem Juristenkauderwelsch dort verstehen können, entwickeln Sie dadurch doch eine gewisse Sensibilität für die Rechte und Pflichten beider Seiten.

Immer wieder tauchen mehr oder weniger auf Tatsachen beruhende Gerüchte auf, was populäre Plattformen alles mit Ihren Inhalten dürfen: Fotoplattformen sollen angeblich ohne Ihr Wissen mit Ihren Bildern Geld verdienen; Plattformen des Facebook-Konzerns (neben Facebook sind das unter anderem Instagram und WhatsApp) sollen automatisch Informationen untereinander austauschen. In den meisten Fällen steckt sogar ein Körnchen Wahrheit in diesen Gerüchten, die durch das Netz geistern. Sie resultieren oft aus den Nutzungsbedingungen der Anbieter. Denn die Plattformen behalten sich dort meist weite Befugnisse vor, ganz einfach, um ihre Funktion erfüllen zu können: Das Teilen von Inhalten ist natürlich nur möglich, wenn Sie der Plattform gestatten, mit anderen Plattformen Informationen auszutauschen. Fotoplattformen zeigen automatisch Bilder aus Ihrer Timeline und der Ihrer Freunde und Follower an. Das sind alles gewünschte Funktionen, für die Sie aber Plattformen den Zugriff auf andere und Ihre Freundeslisten erlauben müssen.

Vor allem Facebook gerät immer mal wieder ins Visier vor allem der Datenschützer, weil einige Regelungen in den Nutzungsbedingungen der Plattform dem strengen deutschen Datenschutzrecht zuwiderlaufen. In Unternehmen wird der Austausch der Mitarbeiter über Facebook daher auch eher misstrauisch beäugt. Klären Sie daher mit Ihrem Arbeitgeber ab, ob Sie etwa Facebook zur Kommunikation mit Kollegen einsetzen dürfen. Beachten Sie, dass vertrauliche Informationen oftmals firmeneigene IT-Systeme gar nicht verlassen dürfen. Dem steht es ganz klar entgegen, dass Facebook-Chats z. B. unverschlüsselt über Fremdsysteme laufen. Auch wenn es schnell und einfach geht, aus dem Privatleben gewohnte Plattformen auch für Berufliches einzusetzen, sollten Sie damit nicht Vertraulichkeitsvereinbarungen, Geheimhaltungsvorschriften und Archivierungsregeln Ihres Arbeitgebers verletzen. Im Übrigen gibt es mittlerweile Software zum Aufbau sozialer Netzwerke innerhalb von Unternehmen. Reden Sie mit Ihrem Arbeitgeber darüber, ob eine interne soziale Plattform für Ihr Unternehmen sinnvoll sein könnte (in den meisten Fällen ist sie es; oder es gibt bereits Intranets, denen jedoch noch die »soziale Komponente« fehlt). Derartige Plattformen, lassen sich innerhalb des Computernetzwerks der Firma betreiben und bieten ziemlich genau die gleichen Funktionen wie bei Facebook oder Twitter, allerdings nur für den sicheren internen Gebrauch.

Stolperstein: Inhalte anderer

Das deutsche Urheberrecht und die daraus folgenden Nutzungsrechte sind kompliziert. Trotzdem ist es wichtig, die Grundzüge dieser Vorschriften zu verstehen, um teure und langwierige Rechtsstreitigkeiten wegen kopierter Bilder, Filme oder Texte zu vermeiden. Dieses Kapitel erhebt nicht den Anspruch auf juristische Präzision. Es soll Ihnen jedoch dabei helfen zu entscheiden, inwieweit Sie Werke im Internet für Ihre Zwecke nutzen können und dürfen.

Der Urheber als Schöpfer eines Werkes

Als Urheber gelten all diejenigen, die ein Werk geschaffen haben. Der Begriff »Werk« ist dabei sehr weit auszulegen. Er umfasst unter anderem Texte, Fotos, Filme, Illustrationen, aber auch Kunstwerke, einschließlich Musik, Architektur usw. Das Urheberrecht greift, sobald der Urheber mit seiner Eigenleistung etwas Neues geschaffen hat. Jemand der nur eine bloße Kopie von einem Original anfertigt, hat deshalb keine Urheberrechte an der Kopie.

BEISPIEL

> Streitigkeiten können etwa bereits dann vorprogrammiert sein, wenn Sie eine Collage, also eine Zusammenstellung aus Bildern anfertigen, deren Rechte nicht bei Ihnen liegen, die sie also nicht selbst erstellt haben. Selbst wenn die Bildaussage Ihrer Collage neu und ein eigenständiges Werk von Ihnen ist, haben Sie natürlich trotzdem mit Werken gearbeitet, die urheberrechtlich geschützt sind. Im Zweifelsfall sollten Sie deshalb vor einer solchen Weiterverwendung von Bildern die Erlaubnis dazu einholen.

Nur der Urheber kann nach deutschem Recht über die Nutzung seines Werkes entscheiden. Er kann jedoch die Nutzungsrechte an seinem Werk auch auf andere übertragen. Das Urheberrecht selbst ist unveräußerlich, das heißt, es bleibt lebenslang beim Urheber. Hier gibt es bereits Unterschiede beispielsweise zum amerikanischen oder englischen »Copyright«; beide Begriffe dürfen eigentlich nicht identisch verwendet werden, da sie juristisch etwas anderes meinen. Sie spielen aber natürlich oft auch bei uns eine Rolle, da viele Social-Media-Plattformen Geschäftsbedingungen haben, die allein auf das US-amerikanische Recht abgestimmt sind.

Nutzungsrechte: übertragbar auf andere

In der Praxis ist es vor allem von Interesse, wer die Nutzungsrechte an einem Werk hält. Beispielsweise ist es im Verlagswesen üblich, dass Autoren ihre Nutzungsrechte ziemlich weitreichend an Verlage übertragen. Verlage können so einen Text in verschiedenen Darstellungsformen (z. B. als Buch, E-Book, Hörbuch) veröffentlichen und zeitlich oft unbegrenzt nutzen.

Auch in Arbeitsverhältnissen spielen Nutzerrechte eine wichtige Rolle. Üblicherweise regeln Arbeitsverträge, wer das Nutzungsrecht an Werken erhält, die im Auftrag des Arbeitgebers angefertigt werden. Diese Frage ist nicht nur im publizistischen Bereich wichtig, sondern z. B. auch bei der Software-Entwicklung, in der Architektur und im Design usw. Auch ist es denkbar, dass Angestellte ihr Fachwissen nutzen, um beispielsweise als Autoren für Fachzeitschriften oder Online-Branchen-Portale tätig zu werden. In diesen Fällen sind sie zwar die Urheber der Artikel, die Nutzungsrechte werden aber wahrscheinlich laut Arbeitsvertrag ausschließlich dem Arbeitgeber zustehen.

Wer öfter als Autor tätig ist, sollte mit seinem Arbeitgeber klären, wie er selbst seine Werke weiter nutzen darf. Nichts ist ärgerlicher, als wenn man sich in der Branche einen Namen als Fachautor gemacht hat (Stichwort: Reputation), aber seine Texte dafür nicht mehr weiter nutzen darf, weil der (Ex-)Arbeitgeber seine Hände darauf hält. Wer also etwa einen Fachbeitrag, der während der Arbeitszeit geschrieben wurde, auch in seinem privaten Blog veröffentlichen will, sollte geklärt haben, ob er überhaupt das Nutzungsrecht dafür hat.

Die praktischen Folgen

Sobald Sie Texte, Bilder, Illustrationen, Musik, Hörspiele oder Filme selbst erstellen, werden Sie zum Urheber. Sie haben dann Urheber- und Nutzungsrechte an Ihrem Werk. Das bedeutet wiederum, dass andere Ihre Werke nicht einfach kopieren dürfen, wenn Sie ihnen nicht ausdrücklich die Erlaubnis dazu erteilt haben. Umgekehrt gilt das natürlich genauso: Sie dürfen nicht einfach so urheberrechtlich geschützte Werke anderer verwenden – weder im Internet noch woanders.

Die dahinterstehende Idee ist einfach und logisch: Den Urhebern soll ermöglicht werden, mit ihren Werken Geld zu verdienen. Und das können sie, indem sie die Nutzungsrechte daran verkaufen. Die Nutzungsrechte können eingeschränkt auf eine bestimmte Nutzungsart oder auch vollständig und unbegrenzt übertragen werden. Im zweiten Fall hat der Urheber dann keine eigenen Nutzungsrechte mehr an seinem Werk.

> Wenn Sie das Werk eines Urhebers verwenden wollen, benötigen Sie die Einwilligung des Inhabers der Nutzungsrechte: Das kann der Urheber selbst sein oder ein Dritter. Er darf und kann Ihnen die Rechte natürlich auch verkaufen. Der Preis richtet sich dabei üblicherweise nach Zweck, Ort, Umfang und Dauer der geplanten Veröffentlichung.

Der Unterschied zwischen Zitat und Kopie

Bei all dem ist unbedingt zwischen Zitat und Kopie zu unterscheiden. Zitiert werden dürfen Sie ohne Nachfrage. Ein Zitat benötigt keine Einwilligung des Urhebers bzw. des Inhabers der Nutzungsrechte. Kopieren darf man Ihre Werke dagegen nur mit ausdrücklicher Erlaubnis.

Wer zitiert, beruft sich auf die Erkenntnisse, Daten und Aussagen eines anderen und macht diesen auch deutlich als Urheber kenntlich. Ein zitierter Text muss also immer ganz klar als Zitat erkennbar sein. Am besten ist das gewährleistet, wenn Sie die Textstelle in Anführungsstriche setzen, sie einrücken bzw. kursiv setzen und sie mit genauer Quellenangabe versehen, wenn möglich sogar zusätzlich mit einem Link zum Urheber. Auch bei allen anderen Darstellungsformen sind Quellenhinweise erforderlich, wenn sie zitiert werden. Aber Vorsicht: Auch ein Zitat hat Grenzen, so z. B. wenn die zitierten Stellen zu lang sind oder wenn sie einen Beitrag dominieren.

Während sich bei Texten noch relativ gut abgrenzen lässt, wo das Zitat aufhört und die Kopie anfängt, ist das bei Musik oder Bildern schwierig, wenn nicht sogar unmöglich. Im Zweifelsfall

sollten Sie immer die Einwilligung des Inhabers der Nutzungsrechte einholen. Das ist im Zeitalter von Internet und E-Mail
meistens auch kein Problem mehr. Über Google lässt sich
schnell rausfinden, wer der Urheber eines Werkes ist. Häufig
lässt sich sogar ermitteln, wer über die Nutzungsrechte verfügt.
Ein kurzes E-Mail reicht dann meistens, um zu erfahren, ob man
die Nutzungsrechte bekommt – für den privaten Gebrauch wird
das von den Rechteinhabern oft großzügig gehandhabt.

Achtung bei kommerziellen Webseiten

Wenn Sie mit Ihrem privaten Blog, für den Sie das Werk brauchen, Geld verdienen (wollen) – wenn Sie also eine »Gewinner-
zielungsabsicht« mit Ihrer Social-Media-Präsenz verfolgen –, indem Sie z. B. Werbung für ein Produkt oder eine Dienstleistung
machen, sollten Sie das ausdrücklich erwähnen. Bei diesem
sog. kommerziellen Gebrauch sieht es mit der Rechteerteilung
nämlich oft anders aus. Konkret kann das bedeuten, dass man
die Rechte teuer kaufen muss. Auch hier sind Konflikte vorprogrammiert, denn darüber, was eine kommerzielle Webseite ist,
gehen die Meinungen auch unter Experten auseinander: Manche halten schon eine Webseite, auf der Google Anzeigen ein-
gebunden werden, für eine kommerzielle, unabhängig davon,
dass damit meist nur Cent-Beträge verdient werden.

Der Newsroom als Quelle für kostenlose Bilder, Texte & Co.

Viele Unternehmen bieten im Internet kostenlose Fotos, Filme und Texte auf ihren Seiten für die Presse, oft auch Newsroom genannt, an. Dabei handelt es sich um einen Bereich der Webseite, der von der Pressestelle oder Abteilung für Unternehmenskommunikation für die Nutzung durch Medien und Journalisten gedacht ist. Inwieweit die dort veröffentlichten Bilder und Beiträge von Privatleuten für ihre Zwecke im Internet verwendet werden dürfen, ist vom einzelnen Unternehmen abhängig.

Manche Firmen ermuntern private User regelrecht dazu, ihre Bilder und Texte zu benutzen – Vorsicht: meistens unter der Bedingung, dass die Quelle, also mindestens der Firmenname, angegeben wird. Andere Unternehmen wiederum stellen ihr Material ausdrücklich nur für Medien und Journalisten zur Verfügung und fassen diese Einschränkung auch sehr eng. Auch hier gilt im Zweifelsfall wieder: einfach fragen. Das gilt übrigens unbedingt auch dann, wenn Sie die Angebote im Newsroom für Ihre Arbeit, also Ihr Unternehmen, nutzen wollen. Schicken Sie ein E-Mail an die genannte Kontaktadresse – idealerweise an einen konkreten Ansprechpartner, nicht an info@ – und erklären Sie, für welchen Zweck Sie das Bild nutzen wollen, am besten versehen mit der Angabe, wo genau es im Internet erscheinen soll.

Creative Commons

Eine mit dem Aufkommen des Internets populär gewordene Form der Erteilung von kostenlosen Nutzungsrechten sind die Creative-Commons-Lizenzverträge, oft CC abgekürzt. Sie sollen es leichter machen, kreative Werke im Internet zu teilen. Urheber, die ihre Werke mit einer CC-Lizenz versehen, tun dies, damit diese genutzt und damit weiterverbreitet werden können.

Unterschieden werden derzeit sechs verschiedene Arten von CC-Lizenzverträgen.

Je nach CC-Lizenz kann das Werk verwendet werden mit folgenden Einschränkungen:

1. Namensnennung des Urhebers
2. Namensnennung, keine Bearbeitung
3. Namensnennung, nicht kommerziell
4. Namensnennung, nicht kommerziell, keine Bearbeitung
5. Namensnennung, nicht kommerziell, Weitergabe unter gleichen Bedingungen
6. Namensnennung, Weitergabe unter gleichen Bedingungen

BEISPIEL

> Wollen Sie ein Bild für Ihren Blog verwenden, das unter einer CC-Lizenz der Nr. 2 steht, müssen Sie unter dem Bild den Namen des Urhebers nennen und dürfen es nicht bearbeiten. Sonst müssen Sie keine Einschränkungen beachten.

Bevor Sie sich entscheiden, ein Werk zu nutzen, müssen Sie also wissen, was Sie damit tun wollen, damit Sie nur ein Werk mit entsprechender Lizenz verwenden.

> Auf der populären Fotoplattform Flickr und bei der Google Bildsuche können Sie gezielt nach Bildern unter CC-Lizenz suchen.

Die Idee der Creative Commons stammt aus dem angelsächsischen Raum. Sie ist deshalb nur bedingt auf deutsches Recht übertragbar. Bisher (Stand: Ende 2015) gibt es noch keine höchstrichterliche Entscheidung darüber, inwieweit die CC-Lizenzen in Deutschland Gültigkeit haben. Allerdings gehen Experten davon aus, dass Creative Commons grundsätzlich auch in Deutschland angewendet werden können. Wenn Sie allerdings hundertprozentig auf der sicheren Seite sein wollen, sollten Sie besser Nutzungsrechte nach deutschem Recht erwerben.

Mehr über CC-Lizenzen, die die Nutzung von urheberrechtlich geschützten Werken im Digital- und Internetzeitalter erleichtern sollen, finden Sie hier: http://de.creativecommons.org/was-ist-cc

Die Krux mit den Bildern

Im Internet kursieren ungeheure Massen von Bildern. Die meisten von ihnen lassen sich ungehindert, etwa im Format jpg, herunterladen, speichern und für eigene Zwecke wiederverwenden. Das ist zwar verlockend, jedoch meist verboten. Wenn der Inhaber der Nutzungsrechte nicht ausdrücklich seine Erlaubnis dazu gibt, dürfen Sie Bilder aus dem Internet nicht einfach weiterverwenden. Halten Sie sich an diese Regel, dann kann nichts passieren.

Wenn Sie aber, bewusst oder aus Versehen, etwa das Bild eines berühmten Fotografen für Ihre Zwecke benutzen, müssen Sie damit rechnen, dass der Inhaber der Nutzungsrechte Sie findet und auf juristischem Weg sein Recht einfordert. In den meisten Fällen bekommen Sie es dann mit Profis zu tun, vor allem mit den auf das Urheberrecht spezialisierten Anwälten. Und das kann teuer werden. Lassen Sie es also besser nicht darauf ankommen. Auch hier gilt wieder: Unwissenheit schützt vor Strafe nicht. Sich darauf zu berufen, dass man nicht sehen konnte, wer der Urheber ist, oder dass nicht zu ermitteln war, wer die Nutzungsrechte hält, ist vor Gericht keine Ausrede. Im Zweifelsfall lassen Sie besser die Finger von einem Bild.

»Do it yourself« lautet die Lösung, wenn Sie doch nicht ganz auf Bilder verzichten wollen. Fotografieren Sie also selbst. Viele Bilder und Symbole lassen sich ganz leicht selbst knipsen. Jedes Smartphone liefert dafür heutzutage die brauchbare Technik. Denken Sie ans Sammeln von Bildmaterial, wenn Sie unterwegs sind. Knipsen Sie die Stadtsilhouette, ein Verkehrsschild im öffentlichen Raum, eine Uhr am Kirchturm.

Auch für eigene Fotos und Filme gibt es Regeln
Mit eigenen Bildern gehen Sie der Gefahr der Verletzung von Urheber- und Nutzungsrechten zwar am einfachsten aus dem Weg. Vergessen Sie dabei aber nicht, dass auch für das Fotogra-

fieren Gesetze gelten. Durch das bloße Abfotografieren eines urheberrechtlich geschützten Werkes werden Sie noch lange nicht Inhaber des Nutzungsrechts an dem Originalbild.

Wollen Sie Ihre Social-Media-Präsenz mit den Bildern von Menschen verschönern, sollten Sie auch die Regelungen rund um das allgemeine Persönlichkeitsrecht kennen, vor allem das sog. Recht am eigenen Bild. Jeder kann selbst darüber bestimmen, ob und wann er fotografiert wird. Wenn Sie jemanden knipsen und das Bild veröffentlichen wollen, brauchen Sie dafür seine Einwilligung.

Es gibt nur ganz wenige Ausnahmen von dieser Regel, so z.B. bei Personen der Zeitgeschichte. Dazu gehören Menschen, die eine herausgehobene Stellung haben, in der sie sowieso in der Öffentlichkeit sichtbar sind. Dazu zählen etwa Politiker oder Prominente. Diese dürfen Sie fotografieren – es sei denn, Sie treffen sie in ihrer geschützten Privatsphäre, also z.B. bei sich zu Hause. Dann gilt wiederum eine Ausnahme von der Ausnahme.

Auch Personen, die zufälligerweise mit abgebildet werden, wenn ein anderes Motiv im Mittelpunkt steht, müssen nicht ihre Einwilligung zur Veröffentlichung geben. Denkbar ist dies z.B., wenn Sie ein Baudenkmal fotografieren oder filmen, vor dem Menschen stehen. Auch wenn sich Personen bewusst in die Öffentlichkeit begeben, z.B. zu einer Kundgebung, sind in den meisten Fällen Veröffentlichungen ohne Zustimmung erlaubt.

Vorsicht bei kommerzieller Verwertung von Bildern

Bevor Sie Bilder und Filme kommerziell verwerten, etwa zu Werbezwecken auf Ihrer Webseite, müssen Sie eine Zustimmung des Abgebildeten einholen. Sie dürfen also nicht ins Sportstadion gehen, ein Bild von einem berühmten Fußballer machen und ihn anschließend als Werbeträger für Ihren Online-Shop einsetzen. Auch wenn ein Prominenter auf Ihrer Firmenfeier auftritt, sollten Sie klären, ob Sie ihn für die aktuelle Online-Berichterstattung zu der Veranstaltung nennen und zeigen dürfen. Die Manager von Prominenten neigen hier zu harten vertraglichen Vereinbarungen und lassen einen Missbrauch zudem streng verfolgen. Fragen Sie im Zweifelsfall bei denjenigen nach, die für die Organisation der Veranstaltung zuständig sind.

Im Prinzip gelten diese Regeln auch für die sog. Streetphotography, bei der Sie Bilder von Ihnen unbekannten Personen auf der Straße aufnehmen. Theoretisch bräuchten Sie hier auch die Einwilligung des Abgebildeten für eine Veröffentlichung. Darüber, ob bereits die Aufnahme verboten ist, streiten die Juristen noch. Streetphotographer berufen sich jedoch darauf, dass es sich bei Aufnahmen dieser Art um Kunst handelt, weshalb für sie andere Gesetze gelten würden. Wenn Sie nicht Künstler oder Fotograf sind, sollten Sie darauf verzichten, solche Bilder öffentlich einzusetzen. Von einer Nutzung für kommerzielle Werbezwecke sollten Sie unbedingt absehen.

Sonderfall Interview

Wenn Sie ein Videointerview per Kamera oder Smartphone aufzeichnen, muss der Interviewte nicht noch einmal gesondert darin einwilligen, dass dieser Film mit ihm dann auch veröffentlicht wird. Man geht davon aus, dass mit der generellen Zustimmung zu einem Interview, das veröffentlicht werden soll, und dem offensichtlichen Einsatz der Technik eine Zustimmung zur Publikation im Bild oder Film eingeschlossen ist. Ein freundlicher Hinweis kann aber trotzdem nicht schaden und kostet auch nichts.

> Man kann die Einwilligung zu einem Videointerview bereits als Film aufzeichnen und archivieren, so spart man sich zusätzlichen Papierkram.

Fotografieren und Filmen auf Veranstaltungen

Im Smartphone- und Social-Media-Zeitalter sind überall Kameras im Einsatz. Vor allem auf Veranstaltungen wird rege geknipst und gefilmt, um die Aufnahmen dann sofort in die Social- Media-Kanäle fließen zu lassen.

Wenn Sie selbst Bilder von Veranstaltungen auf Ihren Social-Media-Kanälen veröffentlichen wollen, auf denen auch Personen zu sehen sind, sollten Sie sich vergewissern, dass die Teilnehmer entsprechend vorgewarnt wurden. Veranstalter sollten am besten Schilder am Empfang und gut sichtbar auf dem Veranstaltungsgelände anbringen, die auf die Veröffentlichung der Aufnahmen in den Social Media hinweisen.

Urheber-, Nutzungs- und Persönlichkeitsrechte sind Sache der einzelnen Länder. Die hier genannten Gesetzesbestimmungen, Tipps und Hinweise beziehen sich nur auf Deutschland. Insbesondere in angelsächsischen Ländern wie England und den USA können die Regelwerke grundlegend anders sein. Informieren Sie sich vor Ort, was Sie beachten müssen, wenn Sie sich dazu entscheiden, von dort aus in Social Media aktiv zu werden.

Kritik und Diskussion im Netz

Der engagierte Austausch von Meinungen hat viele positive Aspekte. Im besten Fall profitieren davon beide Seiten, indem sie etwas lernen oder Neues erfahren. Bestenfalls können sogar Fehler aufgedeckt und beseitigt werden.

Umgang mit Fehlern

Jeder macht mal einen Fehler. Stehen Sie zu Ihren Fehlern und korrigieren Sie diese ohne Diskussion. Wenn Ihnen im Internet, etwa in Ihrem Blog, öffentlich nachgewiesen wird, dass Sie eine beweisbare Tatsache falsch wiedergegeben haben, bedanken Sie sich für den Hinweis und stellen Sie Ihre Veröffentlichung richtig.

Entdecken Sie selbst einmal einen Fehler bei anderen, denken Sie daran, dass nicht jeder Fehler gleich öffentlich gemacht werden muss. Besser ist es, den anderen dezent unter Ausschluss der Öffentlichkeit darauf hinzuweisen, wie auch das folgende Beispiel zeigt.

BEISPIEL

Ein Outdoor-Blogger ist oft in den Bergen unterwegs und beschreibt seine Touren ausführlich, inklusive An- und Abreise. Ein Leser hat nun festgestellt, dass er in seinem aktuellsten Beitrag den Namen der Autobahnausfahrt, von der er regelmäßig in die Alpen abzweigt, falsch geschrieben hat – nicht nur einmal in dem Beitrag, sondern mehrfach, immer gleich falsch. Der Leser hat nun klug reagiert: Statt den Blogger öffentlich, z. B. per Kommentar, bloßzustellen, hat er im Impressum nach der Kontaktadresse gesucht und ein kurzes vertrauliches E-Mail geschrieben. Darin hat er generell den interessanten Blog gelobt und freundlich auf den Fehler hingewiesen. Die Reaktion kam prompt: Der Blogger hat sich per E-Mail-Antwort bedankt und den Fehler schnell ausgebessert; außerdem hat er gleich noch gefragt, wie der aktuelle Beitrag gefällt. So ist ein freundlicher Kontakt entstanden. Ein vorbildliches Vorgehen in Sachen Kommunikationskultur im Netz.

Von Shitstorms und hitzigen Debatten

Wer sich in die Öffentlichkeit begibt, sollte wissen, dass pointierte Aussagen und zugespitzte Kritik für Diskussionen sorgen. Auch unbedachte Äußerungen können sog. Shitstorms auslösen, bei denen es plötzlich heftige Kritik von allen Seiten hagelt.

BEISPIEL

Einer der ersten Shitstorms wurde vom Blogger und Journalisten Jeff Jarvis ausgelöst. Er äußerte 2005 in seinem Blog Kritik über die Produkte und den Kundenservice von Dell, einem bekannten Computer-Hersteller. Das Unternehmen tat die Kritik ab, wurde dann aber von einer Flut von ebenfalls frustrierten Kunden im Netz überrascht, die sich alle Jarvis anschlossen. Dieser Shitstorm ging unter dem Namen »Dell Hell« in die Geschichte ein.

Vor allem, wenn es um Politik, Religion oder grundsätzliche Lebenseinstellungen geht, dauert es in sozialen Netzwerken meist nicht lange, bis die ersten unangenehmen Diskussionsbeiträge auftauchen. Fundamentalisten aller Richtungen versuchen oft mit Aggressivität und Beschimpfungen Nutzer mit anderen Meinungen mundtot zu machen oder ihre Sicht der Dinge durchzudrücken. Sachliches Argumentieren bringt bei Fundamentalisten meistens keine Erfolge, da sie andere Meinungen gar nicht zulassen.

Öffentliche Diskussionen treten erfahrungsgemäß vornehmlich dort auf, wo es um veröffentlichte Meinungen und Überzeugungen geht, z. B. bei Journalisten.

BEISPIEL

Einen öffentlichen Schlagabtausch via Twitter lieferten sich der ehemalige Chefredakteur der Bildzeitung Kai Diekmann und der Medienkritiker Thomas Knüwer. Ursache der Diskussion war der tragische Absturz des Flugzeugs von German Wings über Frankreich im März 2015, bei der auch eine Gruppe von Schülern ums Leben kam. Für die Berichterstattung habe die Bildzeitung Mitschülern Geld für Infos geboten, behauptete Knüwer. Diekmann bestritt dies und verlangte Beweise. Knüwer recherchierte nach, konnte aber seinen Vorwurf letztlich nicht belegen. Daraufhin stand der Medienkritiker selbst in der Kritik. Zahlreiche hochrangige Journalisten sparten nicht mit öffentlicher Häme auf Twitter, Facebook oder in ihren jeweiligen Medien.

Bei vielen anderen Berufen findet der fachliche Austausch fast unbemerkt von der breiten Öffentlichkeit in Spezialportalen oder im direkten Austausch statt.

Netiquette – der Knigge fürs Netz

Unter dem Stichwort »Netiquette« veröffentlichen viele Plattformen, Webseiten und Foren Regeln zum Umgang mit Kommentaren.

Bei der »Tagesschau« gehört es zur Netiquette, die Kommentarfunktion zu deaktivieren, wenn das Thema nicht mehr nachrichtlich aktuell ist. Viele Webseiten- und Blogbetreiber behalten sich vor, Kommentare vor der Veröffentlichung zu prüfen; man spricht hier positiv von der »Moderation«. Seriöse Plattformen wollen durch eine solche Prüfung vermeiden, dass thematisch fremde, unsachliche oder gar juristisch anfechtbare Kommentare auf ihren Seiten landen. Erfahrungsgemäß leidet die Diskussion darunter nicht, im Gegenteil, das Niveau wird dadurch eher gehalten. Dass andere Meinungen damit unterdrückt oder etwa gar zensiert werden, ist auf seriösen Portalen selten.

Folgende Grundregeln helfen in allen sozialen Netzwerken weiter:

- Beteiligen Sie sich nur an Diskussionen auf seriösen Plattformen und zu Beiträgen von ebensolchen Quellen.

- Überlegen Sie lieber zweimal, ob Sie etwas zur Diskussion beisteuern: Auch wenn Sie sich im Internet zu allem und jedem jederzeit überall äußern können, werden Sie nicht umgehend die Welt damit verbessern. Keiner hat auf Ihre Beiträge gewartet.

- Geben Sie sich stets zu erkennen: Wer sind Sie und was qualifiziert Sie für das jeweilige Thema? Wenn Sie sich zu beruflichen oder fachlichen Themen äußern, sollten Sie auch Ihren Arbeitgeber nennen. Damit vermeiden Sie es, später als »verdeckter Agent« entlarvt zu werden, was Ihre Argumente letztlich unglaubwürdig erscheinen ließe. Von dieser Offenheit profitiert einerseits Ihre Reputation, andererseits können Sie und Ihre Beiträge so von anderen besser eingeschätzt werden.

- Seien Sie konstruktiv, nicht destruktiv. Sorgen Sie dafür, dass andere aus Ihren Beiträgen Nutzen ziehen können. Bieten Sie Ihr Wissen an, um bestehendes Wissen zu ergänzen und neue Perspektiven einzubringen.

- Wenn Sie auf Fachportalen und in fachlichen Diskussionen unterwegs sind, seien Sie Kompetenzträger für Ihr Unternehmen und nicht Werbeträger. Auf allzu offensichtliche Werbung reagiert die Netzgemeinde üblicherweise allergisch.

- Überlegen Sie sich gut, auf welche Diskussionen im Netz Sie sich einlassen. Wenn Sie absehen können, dass die Fronten bereits verhärtet sind, sollten Sie abwägen, ob sich Ihr Engagement noch lohnt.

- Wenn Sie in Diskussionen engagiert sind, verfolgen Sie deren Verlauf, etwa über E-Mail-Benachrichtigungen – passen Sie auf, dass Sie von anderen nicht in ein schlechtes Licht gestellt werden, ohne dass Sie es bemerken.

- Halten Sie Ihr Niveau. Lassen Sie sich nicht provozieren. Denken Sie an Ihre Reputation und daran, dass das Internet nichts vergisst. Bei wüsten Beschimpfungen unter der Gürtellinie hilft manchmal nur noch der unkommentierte Rückzug. Auch wenn es schwerfällt: Vergelten Sie Gleiches nicht mit Gleichem.

- Bevor Sie Blogs anderer kommentieren, sollten Sie überlegen, ob nicht ein Beitrag auf dem eigenen Blog als Replik angebrachter wäre. Das bietet sich vor allem dann an, wenn Ihre Kommentierung länger ausfällt. Bei richtiger Verlinkung in Standardblogsystemen wie WordPress erfährt der Ursprungsautor automatisch, dass sein Beitrag in einem anderen Blog erwähnt wurde (sog. Pingback, der in den Kommentaren sichtbar wird). Natürlich können Sie dazu noch einen Kommentar unter dem Ursprungsbeitrag hinterlassen, um andere Leser auf Ihren Beitrag zu dem Thema hinzuweisen.

Keine Lösung: Tarnnamen und doppelte Profile

Wie bereits mehrfach betont, ist das Internet kein rechtsfreier Raum. Was im echten Leben Unrecht ist, bleibt auch im Internet Unrecht, theoretisch zumindest. Das Medium Internet hat natürlich auch Besonderheiten hervorgebracht, die es davor nicht so oder nicht in dem Maße gab. Dazu gehört z. B. auch die vermeintliche Anonymität: Eine E-Mail-Adresse unter Pseudonym bei einem der vielen kostenlosen Provider einzurichten, ist kein Problem. Gleiches gilt für ein falsches Facebook-Profil oder einen Tarnnamen auf Twitter. Die Nutzungsbedingungen der meisten Plattformen erlauben zwar Tarnnamen eigentlich nicht mehr und es wird für die Anmeldung in den meisten Fällen der richtige Name verlangt. Eine Nachprüfung findet jedoch oft nicht statt, so dass immer noch viele unter dem vermeintlichen Schutz eines falschen Namens im Internet unterwegs sind.

Wer das Internet und die sozialen Medien jedoch produktiv und gewinnbringend nutzen will, für den sind Tarnnamen keine Alternative. Wenn Internet-Aktivitäten auf die Reputation und Bekanntheit einzahlen sollen, müssen sie ja eindeutig zugeordnet werden und mit dem »echten Leben« verknüpft werden können. Ganz abgesehen davon hat eine falsche Identität im Netz ohnehin wenig Sinn. Computerspezialisten bei Betreibern und der Polizei können nämlich durchaus ermitteln, wer tatsächlich hinter einem Tarnnamen steckt. Nur Computerprofis können ihre Internet-Aktivitäten so verbergen, dass sie selbst dabei wirklich anonym bleiben.

Auch wenn die Verlockung groß ist, vermeiden Sie es, doppelte Profile anzulegen. Viele Neueinsteiger versuchen, mit zwei Profilen zu jonglieren: Sie haben eines für die private und eines für die berufliche Nutzung. In der Praxis stellt sich jedoch ganz schnell heraus, dass die Pflege von zwei Profilen im Alltag nicht praktikabel ist. Das ständige Abmelden und Neuanmelden mit dem anderen Profil ist aufwendig; Verwechslungsgefahr nicht ausgeschlossen. Sind Ihnen einige Dinge, die Sie z. B. bei Facebook posten, zu privat für Kollegen und Vorgesetzte, justieren Sie lieber Ihre Privatsphäre-Einstellungen auf der Plattform.

Immer bei den Tatsachen bleiben

Wenn Sie mit Ihrem richtigen Namen, auch Klarnamen genannt, im Internet unterwegs sind, sollten Sie sich bei den Postings an die üblichen Gesetze in puncto Veröffentlichungen halten.

Juristisch am leichtesten angreifbar sind falsche Tatsachenbehauptungen. Wenn Tatsachen behauptet und als richtig dargestellt werden, die nachweislich so gar nicht stimmen, ist Ärger vorprogrammiert. Theoretisch sollte alles, was Sie als objektive Tatsache behaupten, auch einer gerichtlichen Prüfung standhalten. Wenn Sie also den Funktionsumfang eines Produktes beschreiben, versuchen Sie möglichst die richtigen und aktuellen Daten zum Produkt zu veröffentlichen. Auf der sicheren Seite sind Sie hier, wenn Sie auf ein Datenblatt des Herstellers verlinken.

BEISPIEL

> Wenn Sie es auf einem Ihrer Social-Media-Kanäle als Tatsache hinstellen, dass der neue Sportwagen nur 180 km/h fährt, aber beim Hersteller eindeutig nachzulesen ist, dass das Auto 240 km/h schafft, und Sie keinen Beweis führen können, dass Sie tatsächlich nur maximal 180 fahren konnten, ist das eine falsche Tatsachenbehauptung. Der Hersteller könnte dann juristisch gegen Sie bzw. Ihre Veröffentlichung vorgehen. Wenn Sie allerdings schreiben, dass das Auto zwar 240 km/h auf dem Tacho anzeigte, Sie aber das Gefühl hatten, deutlich langsamer zu fahren, ist das ein Werturteil und daher zulässig.

Veröffentlichen Sie falsche Tatsachenbehauptungen auf Ihrer Social-Media-Präsenz, kann der Betroffene dagegen vorgehen.

Er hat unterschiedliche Möglichkeiten: Er kann unter anderem eine Gegendarstellung auf der Webseite oder eine Löschung der Behauptung verlangen. Ist ihm durch die unwahre Behauptung ein nachweisbarer Schaden entstanden, kann er sogar Schadensersatz von Ihnen fordern.

> Wer falsche Tatsachen über einen anderen behauptet, die nachweislich unwahr sind und den anderen in seiner Ehre verletzen können, riskiert sogar ein Strafverfahren. Der Betroffene kann ihn dann wegen Verleumdung anzeigen.

Pointierte Meinungen sind erlaubt – Beleidigungen aber nicht

In Deutschland ist die Meinungsfreiheit ein hoch eingeschätztes Gut und sogar in der Verfassung verankert. Man darf also ungehindert seine Meinung äußern – es sei denn, man verletzt in nicht hinnehmbarer Weise andere damit. Die Grenze zwischen erlaubter Meinungsäußerung und der sog. Schmähkritik ist für Laien nur schwer zu ziehen. Generell tendieren die deutschen Gerichte dazu, der Meinungsfreiheit sehr viel Platz einzuräumen. Die unerlaubte Schmähkritik fängt erst da an, wo offensichtlich eine Person oder eine ganze Gruppe diffamiert oder herabgewürdigt werden soll und es nicht mehr um die inhaltliche Sache geht. Polemische, überspitzte und auch satirische Aussagen sind meist noch von der Meinungsfreiheit gedeckt. Jemanden aber in seiner Ehre zu verletzen, ohne dass dahinter ein sachlich gerechtfertigter, wenn auch nicht unbedingt objektiver Grund steht, ist nicht erlaubt.

BEISPIEL

> Um bei dem Beispiel des zu langsamen Sportwagens zu bleiben: Das Ihrer Meinung nach zu langsame Auto können Sie »Möchtegern-Ferrari« nennen oder »Junior-Porsche«; das ist Ihr Werturteil – wenn auch nicht sehr nett, aber trotzdem von der Meinungsfreiheit voll gedeckt. Den Verkäufer aus dem Autohaus dürfen Sie aber nicht ungestraft »Betrüger« oder »Lügner« nennen, sofern Sie nicht belegen können, dass er Sie vorsätzlich über die technischen Möglichkeiten des Autos getäuscht hat.

Konstruktiv statt destruktiv

Bleiben Sie konstruktiv, wenn Sie im Netz kommunizieren. Das gilt bei Veröffentlichungen im Internet, sei es bei eigenen Facebook-Postings, bei Kommentaren in Facebook oder anderen Social Networks, bei Repliken auf Twitter genauso wie bei Kommentaren zu Fotos auf Instagram oder anderswo. Natürlich gilt das auch für den eigenen Blog oder für Veröffentlichungen auf der eigenen Homepage.

Niemand möchte öffentlich beschimpft, niedergemacht oder beleidigt werden. Denken Sie daran: Auch in den Unternehmen agieren letztlich Menschen, für die das gleiche gilt. Lassen Sie also Ihren Ärger über schlechte Serviceleistungen besser nicht an den denjenigen aus, die sie auf den dafür vorgesehenen Servicekanälen »treffen«. Unternehmen mit vielen Kunden, wie z.B. Telekommunikationsunternehmen oder große Versicherungen, bieten bereits vielfach Service via Facebook & Co. an. Bedenken Sie aber auch hier immer, dass Ihre Umgangsformen Ihrem Profil zugeordnet sind.

Gleiches gilt auch für Kommentare in Bewertungsportalen. Wer diese Portale, etwa kununu von XING für Arbeitnehmer, dazu nutzt, »Luft abzulassen« oder über seinen ehemaligen Arbeitgeber zu »lästern«, hilft letztlich niemandem, und schon gar nicht sich selbst. Wenn Sie sich hier nicht an die Veröffentlichungsrichtlinien halten oder gar beleidigend werden, wird man bestenfalls Ihren Zugang sperren, schlimmstenfalls gegen Sie ermitteln – lassen Sie es besser nicht darauf ankommen. Helfen Sie lieber anderen Nutzern mit einer konstruktiven und sachlichen, wenn auch nicht zwingend positiven Bewertung.

> Eigentlich selbstverständlich, dennoch sei hier explizit darauf hingewiesen: Wer im Internet rechtswidrige Aussagen macht oder solche Veröffentlichungen publiziert, kann dafür belangt werden. Darunter fallen z. B. Aufrufe zu Straftaten, jugendgefährdende Schriften oder Bilder, volksverhetzende und rassistische Beiträge usw. Die Nutzungsbedingungen der einzelnen Social-Media-Plattformen sind meistens noch viel strenger als die entsprechenden Strafgesetze. Manche Plattformen sperren Zugänge zu Nutzerkonten, über die Derartiges veröffentlicht wird, sehr schnell.

»Ich bin nur privat hier«

Auf vielen Social-Media-Profilen liest man, der jeweilige Nutzer sei »nur privat hier«. Besonders seltsam wirken derartige

Aussagen, wenn Nutzer in ihrem Profilbild vor dem Logo des eigenen Arbeitgebers posieren, oder im Profil explizit der Link auf den Arbeitgeber veröffentlicht wird. Dies zeigt schon, wie sehr die Grenzen zwischen privat, öffentlich und beruflich verschwimmen.

Die Ursache für diese Aussage liegt meistens bei Arbeitgebern, die sehr strenge Social-Media-Richtlinien haben bzw. ihre Angestellten in Bezug auf das Social Web stark kontrollieren möchten. Firmenmitarbeiter versuchen, durch den Privat-Zusatz Ärger mit dem Arbeitgeber zu vermeiden.

Wenn Sie an Ihrer beruflichen Reputation arbeiten wollen, dann sollten sich den Hinweis auf das »Privatsein« unbedingt sparen. Schließlich beziehen Sie ja einen Großteil Ihrer Fachkompetenz daraus, dass Sie für Ihre Firma in dieser Branche tätig sind. Das genau macht Sie zum Experten. Wenn Sie dann Ihre Postings noch ab und zu mit persönlichen Einschüben ergänzen, werden Sie als Mensch im Social Web erlebbar. Ziehen Sie auch hier die Parallele zum echten Leben: Dort hängen Sie sich ja auch kein Schild um den Hals, um zu zeigen, ob Sie sich jetzt gerade privat oder beruflich äußern.

BEISPIEL

Einer, der sich in Deutschland früh für sein Unternehmen ins Rampenlicht von Social Media gestellt hat, ist Uwe Knaus. Er ist einer der ersten und sicherlich einer der bekanntesten Corporate Blogger Deutschlands, also ein Unternehmensblogger, der im Auftrag seines Arbeitgebers bloggt. Knaus ist Urheber und Betreuer des Daimler-Blogs, eines öffentlichen Mitarbeiter-Blogs des Daimler-Konzerns, zu finden unter http://blog.daimler.de/. Er twittert unter @uknaus. Knaus steht für die bestmögliche Verknüpfung eines persönlichen Profils mit dem Engagement für seinen Arbeitgeber. Es lohnt sich, seinen Kanälen zu folgen. Knaus beherzigt bei seinen Veröffentlichungen immer ein Motto, das man sich selbst auch als Leitlinie für seine Auftritte im Social Web geben sollte: »Persönlich, aber nie privat«. So wird er als Mensch und nicht nur als Daimler-Blogger erlebbar, ohne dass er Vertrauliches oder gar Intimes ausplaudert. Beispielsweise erfährt man durchaus, wenn er im Urlaub am Tegernsee in Bayern ist, allerdings hat man noch nie aus seinen Veröffentlichungen, egal ob Text oder Bilder, herauslesen können, mit wem er im Urlaub ist. Das Bloggen über Partner, Familie, Kinder und Freunde ist für ihn offenbar tabu – so kann man es machen, ohne in Konflikte zu kommen, weder privat noch mit seinem Arbeitgeber.

Die Rechte Ihres Arbeitgebers

In Ihrem Arbeitsvertrag bzw. entsprechend den einschlägigen Gesetzen ist ziemlich genau festgelegt, was Sie als Arbeitnehmer alles in der Öffentlichkeit dürfen und was nicht. So haben Sie in einem bestehenden Arbeitsverhältnis Loyalitäts- und Geheimhaltungspflichten gegenüber Ihrem Arbeitgeber. In aller Kürze heißt das:

- Sie müssen sich in der Öffentlichkeit Ihrem Arbeitgeber gegenüber loyal verhalten. Sie dürfen ihn bzw. seine Produkte also nicht schlechtmachen, zumindest nicht so, dass es nachhaltig geschäftsschädigend ist.

- Sie müssen die Geheimhaltungspflichten einhalten. Der Verrat von Firmengeheimnissen ist natürlich verboten. Das müssen nicht unbedingt geheime Konstruktionspläne für eine neue Maschine oder das Geheimrezept für die neue Tortenmischung sein. Im weiteren Sinne gilt dies auch für Firmeninterna, die nicht ausdrücklich der Geheimhaltung unterliegen, die aber dazu dienen könnten, dass im Falle ihrer Veröffentlichung etwa Mitbewerber davon profitieren könnten oder Kunden verloren gingen. Das kann z. B. passieren, wenn man Details über Forschungsvorhaben oder Entwicklungsergebnisse veröffentlicht oder Terminpläne für Produkterscheinungen preisgibt. Auch mit allzu deutlichen Details über die Organisation, die Preisgestaltung, technische Mittel, personelle Maßnahmen und Fabrikationsverfahren sollte man sich zurückhalten.

- Sie müssen zudem dafür sorgen, dass dem Arbeitgeber Ihre volle Arbeitskraft zur Verfügung steht. Das bedeutet im echten Leben etwa, nicht so unausgeschlafen zur Arbeit zu kommen, dass Sie Ihre Arbeit nicht machen können. Das kann aber auch die Verwendung von Social Media während der Arbeitszeit betreffen, wenn Sie dadurch so abgelenkt sind, dass Sie sich nicht mehr auf Ihre Arbeit konzentrieren können.

- Für die Nutzung von Arbeitsgeräten, etwa PCs, Smartphones, Tablets oder Notebooks, gelten meist unternehmensinterne Vorschriften. Informieren Sie sich, was Sie an den Geräten Ihres Arbeitgebers dürfen – oder fordern Sie im Zweifelsfall eine Klarstellung. Viele Unternehmen mit hohen Sicherheitsanforderungen, wie z. B. Banken, verhindern durch technische Maßnahmen den Zugriff auf unerwünschte Seiten, darunter meistens auch Social-Media-Angebote.

Was Sie erzählen dürfen – und was nicht

Natürlich ist es ein Unterschied, ob man berufliche Themen unter Freunden abends in der Kneipe bespricht oder ob man sie ohne Einschränkungen öffentlich auf Facebook teilt. Während das gesprochene Wort flüchtig ist, kann ein unbedachtes oder vorschnelles Posting verheerende Wirkungen haben. Während Freunde schon mal Details des Erzählten vergessen, kann das dem Internet nicht passieren; schlimmer noch, es ist durchsuchbar und findet Veröffentlichungen noch so kleinster Details auch Jahre später noch.

Deshalb ist es umso wichtiger, sich genau zu überlegen, was man in Social Media von seiner Arbeit erzählt. In manchen Berufen ist das glasklar: Polizisten dürfen über aktuelle Einsätze nichts veröffentlichen, um den Kriminellen keine Hinweise zu geben und die Ermittlungen nicht zu gefährden. Im produzierenden Gewerbe und Einzelhandel sind konkrete Absatz- und Umsatzzahlen von Produkten oder Filialen tabu, um Mitbewerbern keine Informationen zu potenzielle Marktchancen in die Hände zu spielen. Software-Entwickler sollten sich überlegen, welche Teile vom Programmcode, der während der Arbeitszeit entstanden ist, veröffentlicht werden dürfen (sofern es sich nicht um sog. Open-Source-Software handelt). Grafiker müssen natürlich mit der Veröffentlichung von Design- und Layout-Entwürfen vorsichtig sein. Auch über laufende Ausschreibungs- oder Angebotsverfahren sollte man nichts verlauten lassen, um den Wettbewerbern keine Hinweise zu geben.

Wenn Sie sich sicher sind, was Sie in den Social Media veröffentlichen dürfen, sprechen Sie darüber mit Jemandem im Unternehmen, der sich auskennt. Da Sie mit Ihren Online-Vorhaben in die Öffentlichkeit gehen wollen, ist dafür in der Regel die Abteilung für Öffentlichkeitsarbeit zuständig. Je nach Unternehmensorganisation kann es sich dabei auch um die Pressestelle, manchmal sogar um die Marketing-Abteilung handeln. Idealerweise finden Sie einen Kollegen, der sich mit Social Media auskennt oder sogar explizit dafür zuständig ist und Ihr Anliegen versteht.

In Social Media surfen während der Arbeitszeit?

Generell sollten Sie sich natürlich während der Arbeitszeit voll und ganz Ihrer eigentlichen Arbeit widmen. Wenn also Ihre Arbeit mit Facebook oder anderen Social-Media-Plattformen nichts zu tun hat, dürfen Sie sie während Ihrer Arbeitsstunden auch nicht besuchen. Auch wenn das Internet von Ihrem Arbeitsplatz aus voll zugänglich ist, sollten Sie gut überlegen, ob Sie es wirklich privat nutzen wollen. Abgesehen davon, dass nachvollzogen werden kann, auf welchen Seiten Sie waren, nutzen Sie Firmenressourcen für private Zwecke (PC, Bandbreite im Internet) und fangen sich womöglich obendrein noch Computerschädlinge und unerlaubte Software ein, die ohne Ihr Wissen auf Ihren Rechner gelangt. Das kann zur Gefahr für das ganze Unternehmen werden – auch wenn es eigentlich dagegen gesichert sein sollte.

Nun gibt es aber viele Berufsgruppen, die heute praktisch nicht mehr ohne Internet auskommen. Zum Beispiel ist die Kontaktpflege über die neuen Medien zum wichtigen Instrument im Vertriebsprozess geworden. »Geschäfte werden zwischen Menschen gemacht«, heißt es so schön. Ein einfacher Weg, in Kontakt zu bleiben und Kontakte anzubahnen, können Social Media sein. Und so erlauben viele Arbeitgeber mittlerweile nicht nur das Surfen in Social Media zu beruflichen Zwecken, sondern sie fördern es auch ausdrücklich, indem sie ihren Mitarbeitern z. B. die kostenpflichtigen Premium-Mitgliedschaften bei XING oder LinkedIn zahlen.

Während das deutsche Social Network XING und sein internationales Pendant LinkedIn sich klar als berufliche Netzwerke positionieren, ist mittlerweile fast jeder zweite über 18-Jährige auch bei Facebook. Nach Meinung vieler Arbeitgeber ist Facebook immer noch ausschließlich eine private Spielwiese für Nutzer. Manche verbieten daher den Zugang zu Facebook während der Arbeitszeit. Theoretisch ist so ein Verbot möglich, fraglich ist jedoch, ob sich die Trennung zwischen Facebook und den beruflich orientierten Netzwerken durchhalten lässt. Hier entstehen nämlich Grauzonen, mit denen Arbeitgeber und Arbeitnehmer erst lernen müssen umzugehen.

BEISPIEL

Herr Müller fragt während der Arbeitszeit via XING seinen neuen Kunden, wie es bei diesem im Urlaub war. Der Kunde schreibt zurück: »Toll!«, und verweist Herrn Müller auf Facbook, wo er die Urlaubsfotos veröffentlicht hat. Laut Social-Media-Guidelines ist Mitarbeitern der Besuch von Facebook-Seiten nicht gestattet. Darf Herr Müller hier eine Ausnahme machen?

Zur Lösung solcher Zweifelsfälle kommt es immer darauf an, die richtige Balance zu finden. Wenn Herr Müller aus dem Beispiel seinem Chef nachweisen kann, dass Social Media wichtig sind, um die gesteckten Ziele zu erreichen, wird er sicherlich eine Freischaltung von Facebook erreichen. Wenn aber dann seine Vertriebszahlen nach unten gehen, weil er während der Arbeitszeit ständig auch privat auf Facebook unterwegs ist, wird sich sein Arbeitgeber überlegen, ob er seine Entscheidung wieder rückgängig macht.

So überzeugen Sie Ihren Chef von Social Media

- Liefern Sie Ihrem Arbeitgeber konkrete und nachvollziehbare Beispiele dafür, wobei genau Ihnen Social Media im Berufsalltag helfen können.

- Stöbern Sie in Fachmedien und suchen Sie sich Anwendungsfälle beim Wettbewerb, die zeigen, wie wichtig Social Media sind.

- Wenn Sie einen Social-Media-Zugang erhalten haben, zögern Sie nicht, Ihre Erfolge damit deutlich zu machen.

- Überzeugen Sie Kollegen in vergleichbaren Positionen davon, ebenfalls auf Social Media aktiv zu werden. Suchen Sie in Ihrem Unternehmen nach Verbündeten, die genauso wie Sie vom Social-Media-Einsatz im beruflichen Umfeld überzeugt sind. Sie finden sie oft in der Marketing-, Kommunikations- und Vertriebsabteilung.

- Was Sie an Ihrem firmeneigenen PC, Smartphone oder Notebook dürfen, sollte Ihr Arbeitsvertrag bzw. eine Betriebsvereinbarung klar und deutlich regeln. Lesen Sie die Bestimmungen dort genau durch. Oft sind auch Regelungen enthalten, die Sie nicht unbedingt erwarten würden. So dürfen Arbeitgeber auch den Nutzungsumfang privater Geräte während der Arbeitszeit festlegen. Es gibt z. B. Unternehmen, in denen nicht einmal das Laden des privaten Handys an einer Steckdose im Büro erlaubt ist.

Wem gehören die Social-Media-Kontakte?

Wer aktiv auf XING oder LinkedIn ist, sammelt dort im Lauf der Zeit eine Menge beruflicher Kontakte. Doch was passiert mit solchen Kontakten, wenn ein Jobwechsel ansteht? Darf der Ex-Arbeitgeber sie »annektieren«, damit auch der Nachfolger von ihnen profitieren kann? Vor allem in Branchen, in denen das Geschäft mit Kundendaten gemacht wird, also z. B. im Vertrieb, hat ein gut gepflegtes, großes Netzwerk einen hohen Wert.

Geschäftlich veranlasste Accounts

Wenn Sie Accounts z. B. für XING oder Facebook für Ihr Unternehmen pflegen und dies auch per Vereinbarung eindeutig so geregelt ist, so z. B. auf XING oder Facebook, gehören der Account und die Kontakte darin natürlich eindeutig Ihrem Arbeitgeber. Er hat dann einen Anspruch auf Herausgabe der Zugangs- und der Kontaktdaten, wenn Sie das Unternehmen verlassen. Hier ist es so wie mit einer klassischen Kundenkartei, die sich in einer verschlossenen Schublade befindet. Auch diese müsste man inklusive des Schlüssels beim Ex-Arbeitgeber lassen, weil die Daten darin ausschließlich beruflich veranlasst sind. Ihm überlassene Arbeitsmittel muss ein Arbeitnehmer nämlich herausgeben, wenn das Arbeitsverhältnis endet.

Private Accounts, die auch Geschäftliches enthalten

Schwieriger wird es, wenn der Account auf Ihren Namen läuft und Sie dort nicht nur die Kontakte aus der beruflichen Tätigkeit sammeln, sondern auch private Bekanntschaften. Der Arbeitgeber kann dann nicht verlangen, dass Sie ihm Ihr Passwort für Ihren persönlichen Account herausgeben, schließlich ist der Account mit Ihrem Namen verknüpft. Möglicherweise haben Sie dort auch private Daten und Kontakte gespeichert, die Ihren Arbeitgeber nichts angehen. Sie kommen wohl aber nicht darum herum, ihm die beruflich veranlassten Kontakte in einer Liste zur Verfügung zu stellen. Weigern Sie sich, kann Ihr Arbeitgeber auf Herausgabe der Daten klagen.

> Am besten ist es, bereits im Voraus eine klare Regelung vom Arbeitgeber zu verlangen, um im Zweifelsfall Konflikte zu vermeiden.

Private Accounts
Sind Sie wirklich nur privat in Social Media unterwegs und gibt es keine direkte Verbindung zwischen Ihrem Arbeitgeber und Ihren Aktivitäten im Social Web, kann Ihr Arbeitgeber natürlich auch nichts von Ihnen verlangen.

Risiko: Links

Links, also Verweise auf andere Webseiten, sind mit Vorsicht zu genießen. Nicht nur, weil sie das Lesen eines Textes im Internet erschweren, wenn man immer wieder von neuen Seiten und Angeboten abgelenkt wird. Auch aus der Perspektive von Juristen können sich die an sich so praktischen Verweise als Stolpersteine entpuppen.

Sorgen Sie für korrekte Links

Macht sich jemand, der auf eine verbotene, weil z. B. beleidigende, rassistische oder volksverhetzende Seite verlinkt, den Inhalt dort zu Eigen und kann er deswegen dafür haftbar gemacht werden? Diese Frage wird seit Jahren vor und von den Gerichten heiß diskutiert und immer anders entschieden. Wer sich nicht mit den Einzelheiten dieser Diskussion beschäftigen möchte, dem sei geraten: Im Zweifelsfall lieber auf Links verzichten, vor allem dann, wenn es sich um Seiten handelt, die man nicht gut kennt oder nicht oft besucht.

Setzen Sie Links, sollten diese funktionieren. Stellen Sie sicher, dass die dahinterliegenden Webseiten auch verfügbar sind. Beachten Sie dabei, dass vor allem Shop-Angebote oder kostenpflichtige Dienste oft mit Ihren persönlichen Daten im Link verknüpft sind (meist erkennbar an sehr langen und kryptischen Links, in denen sich der Hinweis auf Ihre Identität verbirgt). In den meisten Fällen bieten aber die Betreiber solcher Seiten selbst Buttons zum Teilen an, die neutrale Links für die entsprechende Seite bzw. das Produkt generieren. Verwenden Sie dann lieber diesen Link.

BEISPIEL

Amazon erstellt einen Kurzlink auf Shop-Angebote, wenn Sie unter »Empfehlen« den Knopf »per E-Mail versenden« drücken. Kopieren Sie diesen neutralen Kurzlink dann einfach in Ihre Webauftritte.

Natürlich müssen Sie auch darauf achten, dass sich auf den Webseiten hinter den Links keine rechtswidrigen Angebote verbergen.

Sind Ihre Links aktuell?

Neben den juristischen Aspekten gibt es noch einen Punkt, warum die Prüfung von Links so wichtig ist: deren Aktualität. Programme, sog. Bots, die automatisch das Web nach Veröffentlichungen zu bestimmten Themen durchsuchen, veröffentlichen automatisch Links, beispielsweise via Twitter. Nun sind einige Bots aber so ungeschickt programmiert, dass ihnen das Datum der Veröffentlichung egal ist. Das heißt, es kann passieren, dass über einen Bot ein Jahre alter Blogeintrag plötzlich wieder auftaucht.

Auch Blogger haben manchmal ihre Blogs selbst so eingestellt, dass alte Beiträge wie von Geisterhand noch einmal über Twitter oder Facebook verbreitet werden. Auf die Leser macht es natürlich keinen guten Eindruck, wenn man einen fast schon antiken Eintrag plötzlich als Neuentdeckung weiterverbreitet. Eine Ausnahme dazu kann ein guter Beitrag zu einem relativ zeitlosen Thema sein. Dann sollte aber auch ein klarer Hinweis auf das Alter erfolgen, wie etwa »Wieder gelesen, immer noch gut!« oder »Immer noch aktuell«. Gute Blogger stellen den Automatismus so ein, dass ein entsprechender Hinweis bereits integriert ist, so z. B. »aus dem Archiv« oder »Wiederholung«.

Auch wer nicht aufpasst und zu schnell auf ReTweet oder Like klickt, verweist damit plötzlich auf alte Inhalte. Das stellt dann kein Problem dar, wenn der Inhalt zeitlos ist. Wenn es aber um aktuelle Themen geht, können damit veraltete, ungültige und vielleicht sogar mittlerweile rechtlich strittige oder fehlerhafte Inhalte verbreitet werden.

Prüfen Sie Links deshalb vor der Weiterveröffentlichung zumindest auf Aktualität und grob daraufhin, ob Sie den Inhalt wirklich mit Ihrem Namen weiterverbreiten wollen. Auch eine kurze Prüfung der Quelle ist angebracht. Finden Sie heraus, wer die Information mit welchem Interesse veröffentlicht. So vermeiden Sie, dass Sie eventuell mit unerwünschten extremen politischen Positionen oder mit Meinungen oder Inhalten des Wettbewerbers in Verbindung gebracht werden.

> Auch die Qualität Ihrer Links unterstützt Ihre Reputation im Web. Versuchen Sie deshalb, nur »gute Links« weiterzuverbreiten. Bewerten Sie diese auch, etwa mit Hinweisen wie »guter Tipp«, »wichtige Info« oder »lesenswert«. Wenn Sie sich darüber hinaus auch noch bei der Quelle des Links bedanken, können Sie damit vielleicht auch Ihr Netzwerk erweitern.

Das Impressum: mehr als eine Adresse im Netz

Wie mehrfach betont, ist Transparenz im Social Web ein wichtiges Gebot, vor allem, wenn Sie positiven Nutzen aus Ihren Aktivitäten dort ziehen wollen. Aus diesem Grund sollten Sie viel Wert auf ein aktuelles und korrektes Impressum legen. Das Impressum zeigt bei Veröffentlichungen an, wer für die Publikation verantwortlich und wie genau er zu erreichen ist. Diese Angaben sind nicht nur relevant, damit Interessenten Kontakt zu Ihnen aufnehmen können; sie sind teilweise sogar gesetzlich vorgeschrieben. Wer kein Impressum in seinem Blog oder auf seinen sonstigen Web-Präsenzen vorhält, obwohl er dazu von Gesetzes wegen verpflichtet ist, riskiert teure Abmahnungen und Bußgelder.

Wann ein Impressum ein Muss ist

Insbesondere verpflichtend ist das Impressum bei allen geschäftlichen Veröffentlichungen, also vor allem bei Webseiten von Unternehmen und Selbstständigen. Immer dann, wenn Ihre Internet-Präsenz auch nur den geringsten geschäftlichen Bezug hat, sollten Sie dort auch ein Impressum vorhalten, um Abmahnungen vor allem seitens Wettbewerbern zu vermeiden. Denn es gibt viele ungeklärte Fälle, was die Impressumspflicht anbelangt. So sind sich z. B. die Juristen noch uneins, ob nicht bereits die Darstellung von Anzeigen auf einem Facebook-Profil, selbst wenn sie der Profilinhaber gar nicht verhindern kann, eine Geschäftstätigkeit darstellt. Mit der Angabe von Kontaktdaten, also der Postanschrift (ein Postfach reicht nicht), Telefon- und E-Mail-Adresse, ist das Impressum für private Webauftritte schon erledigt. Sollten Sie Ihre Webauftritte teilweise auch beruflich nutzen, sind weitere Angaben erforderlich.

Pflichtangaben im Impressum
• Vorname, Name bzw. Firma
• Postanschrift mit Straße, PLZ und Ort
• Telefon / Telefax / E-Mail
• Bei Gesellschaften zusätzlich: Vertretungsberechtigte Gesellschafter/Geschäftsführer/Handelsregisternummer
• Umsatzsteueridentifikationsnummer
• Bei zulassungspflichtigen Diensten: zuständige Aufsichtsbehörde
• Bei Freiberuflern: die Standeskammer, die gesetzliche Berufsbezeichnung und die geltenden berufsrechtlichen Regelungen mit Fundstelle

Einige fürchten, dass sie mit den Angaben im Impressum zu viele private Daten von sich preisgeben würden. Allerdings werden im Impressum auch nicht mehr Daten veröffentlicht als in einem Telefonbuch.

Das Impressum kann Rechtsstreitigkeiten vorbeugen. So z. B., wenn Sie in einem Zusatz dazu anbieten, dass Personen und Firmen, die Probleme mit Ihren Inhalten haben, sich direkt an Sie wenden können. Sie signalisieren damit Gesprächs- und Verhandlungsbereitschaft und nehmen so einem streitlustigen Gegner erst einmal den Wind aus den Segeln.

Auf einen Blick: Vorsicht Fallen

- Es gibt drei Risiken, die Ihnen bewusst sein sollten, wenn Sie in Social Media aktiv sind: Das Internet vergisst nichts, es ist nicht sicher und es ist auch kein rechtsfreier Raum.

- Tun oder veröffentlichen Sie nur das, was Sie auch offline im »echten Leben« öffentlich machen oder über sich preisgeben würden. Mit dieser Faustregel können Sie sich relativ sicher in den sozialen Medien bewegen.

- Wer Inhalte anderer nutzt, sollte sich sicher sein, dass er sie auch veröffentlichen darf. Vor allem in Deutschland gilt ein strenges Urheberrecht.

- Wer sich auf den Plattformen äußert, sollte das immer mit Bedacht tun: Beleidigungen und falsche Behauptungen können böse Folgen haben.

- Social Media spielen im Berufsalltag eine immer größere Rolle. Wer dort für seinen Arbeitgeber agiert, sollte vorher wissen, was dort erwünscht ist und was nicht.

- Links sind schnell gesetzt. Viele wissen nicht, dass diese Verweise auch Risiken bergen können, so z. B. wenn sie nicht mehr aktuell sind oder auf illegale Seiten führen.

- Zum Schutz anderer müssen vor allem Selbstständige und Unternehmen ein Impressum auf ihrer Social-Media-Präsenz vorhalten. Fehlen dort wichtige Angaben, drohen teure Abmahnungen.

Stichwortverzeichnis

Impressum

Bibliografische Information der Deutschen Nationalbibliothek

Die Deutsche Nationalbibliothek verzeichnet diese Publikation in der Deutschen Nationalbibliografie; detaillierte bibliografische Daten sind im Internet über http://dnb.dnb.de abrufbar.

Print: ISBN: 978-3-648-08973-6 Bestell-Nr.: 10724-0001
ePub: ISBN: 978-3-648-08974-3 Bestell-Nr.: 10724-0100
ePDF: ISBN: 978-3-648-08975-0 Bestell-Nr.: 10724-0150

Markus Pflugbeil
Erfolgreich mit Social Media – Soziale Netzwerke professionell nutzen
1. Auflage 2016, Freiburg

© 2016, Haufe-Lexware GmbH & Co. KG, Munzinger Straße 9, 79111 Freiburg
Redaktionsanschrift: Fraunhoferstraße 5, 82152 Planegg/München
Telefon: (089) 895 17-0
Telefax: (089) 895 17-290
Internet: www.haufe.de
E-Mail: online@haufe.de
Redaktion: Jürgen Fischer

Konzeption, Realisation und Lektorat: Nicole Jähnichen, www.textundwerk.de
Satz und Druck: Beltz Bad Langensalza GmbH, Bad Langensalza
Umschlag: Kienle gestaltet, Stuttgart

Der Autor

Markus Pflugbeil ist Diplom-Journalist und PR-Profi und fasziniert von den Möglichkeiten des Publizierens im Internet. Als Senior PR Berater und Mitglied der Agenturleitung bei vibrio Kommunikationsmanagement Dr. Kausch in Unterschleißheim bei München unterstützt er vor allem Unternehmen aus Hochtechnologie-Branchen in ihrer Öffentlichkeitsarbeit.

Mehr zu Markus Pflugbeil finden Sie natürlich im Social Web: bei Twitter @MarkusPfl oder in seinem Blog http://www.pflugblatt.de/

Weitere Literatur

»Social Media und Recht – Praxiswissen für Unternehmen«, von Dr. Carsten Ulbricht, 348 Seiten, EUR 39,95, ISBN: 978-3-648-07141-0, Bestell-Nr.:07932

»Agiles Projektmanagement«, von Dr. Jörg Preußig, 240 Seiten, EUR 9,95, ISBN: 978-3-648-06517-4, Bestell-Nr.: 10708

Haufe TaschenGuides

Kompakt, günstig und einfach praktisch

Soft Skills

- Achtsamkeit in Beruf und Alltag
- Auftanken im Alltag
- Beziehungskompetenz im Job
- Burnout
- Emotionale Intelligenz
- Entscheidungen treffen
- Gedächtnistraining
- Gelassenheit lernen
- Gewaltfreie Kommunikation
- Ihre Ausstrahlung
- Körpersprache
- Lampenfieber und Prüfungsangst besiegen
- Lernen aus Fehlern
- Loslassen
- Manipulationstechniken
- Menschenkenntnis
- Mit Druck richtig umgehen
- Mut
- NLP
- NLP im Berufsalltag
- Optimistisch denken
- Positive Psychologie
- Psychologie für den Beruf
- Resilienz
- Selbstcoaching
- Selbstmotivation
- Selbstvertrauen gewinnen
- Sich durchsetzen
- Soft Skills
- Stress ade
- Willensstärke

Jobsuche

- Arbeitszeugnisse
- Assessment Center
- Jobsuche und Bewerbung
- Vorstellungsgespräche

Management

- Agiles Projekt-management
- Aktivierungsspiele für Workshops und Seminare
- Besprechungen
- Checkbuch für Führungskräfte
- Compliance
- Delegieren
- Führen in der Sandwichposition
- Führungstechniken
- Konflikte erfolgreich managen
- Konflikte im Beruf
- Mitarbeitergespräche
- Mitarbeitertypen
- Moderation
- Neu als Chef
- Neuroleadership
- Personalmanagement
- Projektmanagement
- Selbstmanagement
- Seminare, Trainings und Workshops lebendig gestalten
- Spiele für Workshops und Seminare
- Spielregeln des Erfolgs
- Teams führen
- Workshops
- Zeitmanagement
- Zielvereinbarungen und Jahresgespräche

Wirtschaft

- ABC des Finanz- und Rechnungswesens
- Balanced Scorecard
- Betriebswirtschaft-liche Formeln
- Bilanzen
- BilMoG
- BWL Grundwissen
- Buchführung
- BWL kompakt
- Controllinginstrumente
- Englische Wirtschafts-begriffe
- Erfolgreich mit Social Media
- Finanz- und Liquiditätsplanung
- Finanzkennzahlen und Unternehmensbewertung
- Formelsammlung Wirtschaftsmathematik
- IFRS
- Kaufmännisches Rechnen
- Kennzahlen
- Kontieren und buchen